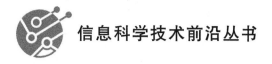

信息科学技术前沿丛书

# 基于图的文本挖掘与分析

胡琳梅　李　劼　张光卫　宋丹丹　编　著

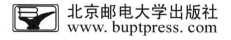

北京邮电大学出版社
www.buptpress.com

## 内 容 简 介

本书深入探讨了图方法在文本挖掘领域的应用,强调了图模型在处理文本数据时对上下文和长距离语义依赖关系的捕捉能力。全书内容分为3部分,共8章,系统地介绍了基于图的文本挖掘技术,并通过多个自然语言处理任务(如短文本分类、虚假新闻检测、知识图谱表示学习等)展示了图方法的有效性。作者结合丰富的科研和项目经验,提出了创新的图模型和算法,旨在解决数据稀疏和复杂语义建模问题,为计算机专业学生和NLP领域研究人员提供了宝贵的参考和新视角。

**图书在版编目(CIP)数据**

基于图的文本挖掘与分析 / 胡琳梅等编著. -- 北京:北京邮电大学出版社,2025. -- ISBN 978-7-5635-7496-4

Ⅰ. TP274

中国国家版本馆 CIP 数据核字第 20255G2D22 号

| | | | | | | | |
|---|---|---|---|---|---|---|---|
| 策划编辑:姚 顺 | | 责任编辑:满志文 | | 责任校对:张会良 | | 封面设计:七星博纳 | |

出版发行:北京邮电大学出版社
社　　址:北京市海淀区西土城路 10 号
邮政编码:100876
发 行 部:电话:010-62282185　　传真:010-62283578
E-mail:publish@bupt.edu.cn
经　　销:各地新华书店
印　　刷:保定市中画美凯印刷有限公司
开　　本:787 mm×1 092 mm　1/16
印　　张:8
字　　数:202 千字
版　　次:2025 年 3 月第 1 版
印　　次:2025 年 3 月第 1 次印刷

ISBN 978-7-5635-7496-4　　　　　　　　　　　　　　　定价:65.00 元

· 如有印装质量问题,请与北京邮电大学出版社发行部联系 ·

# 前言

随着互联网和社交媒体的快速发展,大量的文本数据随之产生并被存储,如何从这些海量的文本数据中挖掘有价值的信息成为一个重要的研究方向。传统的文本挖掘方法往往容易忽视文本中复杂的上下文信息,或是难以捕捉长距离的语义依赖关系。而基于图的文本挖掘方法则能够更全面地建模文本数据中的实体、关系和语义信息,从而提高文本挖掘的准确性和效果。本书关注到基于图的文本挖掘方法广泛的应用前景,为相关领域的研究人员提供了不同自然语言处理任务中的解决方案和思路,有效提高模型效果。

作者深入调研了近几年多个自然语言处理领域的学术论文和资料,结合多年来在图算法和文本挖掘领域的科研实践和丰富项目经验,总结编写了本书,本书具有如下特色。

(1) 综合性:本书综合了基于图的文本挖掘领域的最新研究成果和实践经验,涵盖了短文本分类、虚假新闻检测、知识图谱表示学习、实体识别、新闻推荐和人格检测等多个任务。读者可以全面了解基于图的方法在不同任务上的实践思路和效果。

(2) 深度剖析:本书对基于图的文本挖掘方法进行了深入的剖析和探讨。作者详细介绍了不同图模型的原理、优势和适用场景,并结合实际案例和实验分析,说明了这些方法在文本挖掘中的应用前景和效果。

(3) 创新性:本书提出了一些基于图的创新的方法和技术,这些方法不仅在实验中表现出色,而且在捕获文本复杂语义、解决数据稀疏等常见文本建模问题上具有潜力和创新性。

全书内容分为 3 部分,共 8 章。第一部分内容是现有文本挖掘方法概述,在第 1 章中介绍。

第 1 章首先介绍了传统文本数据特征提取方法、基于深度学习的文本数据特征提取方法,以及基于循环神经网络和卷积神经网络的文本建模方法。其次介绍图及图神经网络的基础知识。最后介绍了现有基于图的文本建模方法。

本书第二部分内容介绍了基于图的文本挖掘方法在不同自然语言处理任务中的应用,由第2至7章组成。

第2章介绍了基于异质图的短文本分类工作,利用异质图神经网络解决数据稀疏及标注数据有限的问题。在此基础上介绍了该工作的扩展方法,进一步降低模型的计算复杂度,解决了多标签文本分类和对新文本分类的问题。

第3章介绍了基于图的虚假新闻检测工作,利用外部知识库丰富新闻表示并比较语义一致性,以提高检测效果。

第4章介绍了基于图的知识图谱表示学习工作,引入文本图来增强知识图谱的表示,更好地扩展知识图谱并减轻稀疏性的问题。

第5章介绍了基于图的实体识别工作,通过动态构建实体-词图,着重解决全局信息去偏的问题,提高实体消歧的精度和鲁棒性。

第6章介绍了基于图的新闻推荐的两个工作,通过构建异质图,分别减轻数据稀疏和高阶结构信息难捕获问题的限制。

第7章介绍了基于图的人格检测工作,对用户的发帖进行构图,缓解数据稀疏和真实人格标签稀缺的问题。

本书第三部分内容为全书的总结,在第8章中介绍。

第8章对全书各章节进行了概括总结,并展望了基于图的文本挖掘技术的挑战和前景。

本书可以为计算机专业的学生和从事自然语言处理、文本挖掘以及相关领域的研究人员提供一些新的思路和实践参考。本书介绍文本挖掘的基础知识和已有工作,并深入介绍和探讨基于图的方法和技术在文本挖掘领域的应用。通过阐述不同自然语言处理任务的研究和实验分析,读者可以深入理解基于图的文本挖掘方法的原理、优势和适用场景。同时,本书提供了多个实际案例和实验结果,帮助读者理解如何将这些方法应用于实际问题解决,并获得实践指导。此外,本书还对基于图的文本挖掘方法的局限性和挑战进行了讨论,并展望了该领域的未来发展方向。这将为读者提供启发和指导,鼓励他们在该领域的研究和实践中做出创新性的贡献。

作　者

# 目 录

## 第1章 概述 ... 1

### 1.1 传统文本数据特征提取方法 ... 1
#### 1.1.1 文本预处理 ... 1
#### 1.1.2 词袋模型 ... 2
#### 1.1.3 N-gram 模型 ... 3
#### 1.1.4 TF-IDF 模型 ... 4

### 1.2 基于深度学习的文本数据特征提取方法 ... 4
#### 1.2.1 Word2Vec ... 5
#### 1.2.2 GloVe ... 6

### 1.3 循环神经网络 ... 6
### 1.4 卷积神经网络 ... 9
### 1.5 基于图的文本建模 ... 11
#### 1.5.1 图 ... 11
#### 1.5.2 图神经网络 ... 12
#### 1.5.3 用于自然语言处理的图构建方法 ... 12
#### 1.5.4 用于NLP的图表示学习 ... 14
#### 1.5.5 基于GNN的编码器-解码器模型 ... 15

### 1.6 小结 ... 16

## 第2章 基于异质图的短文本分类 ... 17

### 2.1 HGAT:基于异质图注意力网络的半监督短文本分类 ... 18
#### 2.1.1 引言 ... 18
#### 2.1.2 相关工作 ... 18
#### 2.1.3 HGAT 模型 ... 19
#### 2.1.4 实验与分析 ... 23

### 2.2 HGAT 的改进 ... 27
#### 2.2.1 HGAT 的改进模型 ... 27
#### 2.2.2 实验与分析 ... 30

### 2.3 本章小结 ... 35

## 第 3 章　基于图的虚假新闻检测 ········································· 36
- 3.1　引言 ························································································ 36
- 3.2　相关工作 ················································································· 38
  - 3.2.1　基于人工特征工程的模型 ············································· 38
  - 3.2.2　面向序列的深度学习模型 ············································· 39
  - 3.2.3　面向图的深度学习模型 ················································ 39
  - 3.2.4　融合外部知识的深度学习模型 ······································· 40
- 3.3　算法模型 ················································································· 41
  - 3.3.1　基于 LDA 的主题挖掘 ·················································· 42
  - 3.3.2　有向异构图建模 ·························································· 44
  - 3.3.3　异构图卷积网络 ·························································· 44
  - 3.3.4　基于知识库的实体表示 ················································ 45
  - 3.3.5　实体对比 ···································································· 46
  - 3.3.6　模型训练 ···································································· 46
- 3.4　实验及分析 ·············································································· 46
  - 3.4.1　实验设置 ···································································· 46
  - 3.4.2　实验结果 ···································································· 47
  - 3.4.3　消融实验 ···································································· 48
  - 3.4.4　关于主题指定数目 $P$ 的研究 ······································· 49
  - 3.4.5　案例分析 ···································································· 49
- 3.5　本章总结 ················································································· 50

## 第 4 章　基于图的知识图谱表示学习 ······································ 51
- 4.1　引言 ························································································ 51
- 4.2　相关工作 ················································································· 53
  - 4.2.1　KG 表示学习 ······························································· 53
  - 4.2.2　图神经网络 ································································ 55
- 4.3　算法模型 ················································································· 55
  - 4.3.1　三重嵌入 ···································································· 56
  - 4.3.2　辅助文本编码 ······························································ 56
  - 4.3.3　KG 表示融合 ······························································ 57
  - 4.3.4　端到端模型培训 ·························································· 58
- 4.4　实验及分析 ·············································································· 58
  - 4.4.1　实验设置 ···································································· 58
  - 4.4.2　链路预测 ···································································· 60
  - 4.4.3　三元组分类 ································································ 62
- 4.5　本章总结 ················································································· 62

# 第5章 基于图的实体识别 …… 64

- 5.1 引言 …… 64
- 5.2 研究背景 …… 66
  - 5.2.1 命名实体消歧 …… 66
  - 5.2.2 预训练实体嵌入 …… 66
  - 5.2.3 局部与全局模型 …… 67
- 5.3 算法模型 …… 68
  - 5.3.1 构建实体-词图 …… 68
  - 5.3.2 应用在实体-词图上的 GCN …… 69
  - 5.3.3 CRF 用于实体消歧 …… 70
  - 5.3.4 模型训练 …… 70
- 5.4 实验及分析 …… 70
  - 5.4.1 数据集 …… 71
  - 5.4.2 基准模型 …… 71
  - 5.4.3 参数设置 …… 71
  - 5.4.4 总体结果 …… 72
  - 5.4.5 案例研究 …… 73
  - 5.4.6 错误分析 …… 73
  - 5.4.7 参数分析 …… 74
  - 5.4.8 计算效率 …… 74
- 5.5 本章总结 …… 74

# 第6章 基于图的新闻推荐 …… 75

- 6.1 基于长期和短期兴趣建模的图神经新闻推荐系统 …… 75
  - 6.1.1 引言 …… 75
  - 6.1.2 相关工作 …… 76
  - 6.1.3 算法模型 …… 77
  - 6.1.4 GNewsRec 模型 …… 77
  - 6.1.5 实验及分析 …… 80
- 6.2 无监督偏好解耦的图神经新闻推荐系统 …… 84
  - 6.2.1 引言 …… 84
  - 6.2.2 相关工作 …… 85
  - 6.2.3 算法模型 …… 86
  - 6.2.4 实验及分析 …… 89
- 6.3 本章总结 …… 93

# 第7章 基于图的人格检测 …… 94

- 7.1 引言 …… 94

7.2 相关工作 ································································· 95
7.3 算法模型 ································································· 96
    7.3.1 对比的帖子图编码器 ················································ 96
    7.3.2 特质序列解码器 ···················································· 97
    7.3.3 模型训练 ·························································· 98
7.4 实验及分析 ······························································· 99
    7.4.1 数据集 ···························································· 99
    7.4.2 基线模型 ·························································· 99
    7.4.3 实现细节 ························································· 100
    7.4.4 总体结果 ························································· 100
    7.4.5 消融研究 ························································· 101
    7.4.6 训练样本数量的影响 ··············································· 102
    7.4.7 权衡参数的影响 ··················································· 102
    7.4.8 训练效率 ························································· 102
7.5 本章总结 ································································ 103

# 第 8 章　总结 ································································ 104

# 参考文献 ···································································· 107

# 第 1 章

# 概　　述

## 1.1　传统文本数据特征提取方法

自然语言处理任务中常用的数据是非结构化且杂乱无章的文本数据,而机器学习算法处理的数据往往是具有固定长度的输入和输出,因而机器学习无法直接处理原始的文本数据。在语言处理中,广泛使用向量来表示文本的大量语言学特性,这个过程就称为特征提取或者特征编码。在讨论特征工程之前,我们需要进行一些数据预处理,将人类可读内容转换为结构化、机器可分析格式的任务,为深入的数据分析或模型训练做好准备。

### 1.1.1　文本预处理

我们可以有多种方法来对文本数据进行预处理,下面将重点介绍一些在自然语言处理中大量使用的方法。

- 删除标签:训练模型使用的原始文本数据经常包含不必要的内容,例如 HTML 标签,这些内容在分析文本语义的时候不会提供太多价值。
- 删除重音字符:在处理文本语料时,尤其是在英语文本时,通常会遇到重音字符或字母的情况。因此,我们需要确保将这些字符转换并标准化为 ASCII 字符。例如将 é 转换为 e。
- 扩展缩略语:在英语中,缩略语通常是单词或音节的缩写形式。这些现有单词或短语的缩略形式是通过删除特定的字母和声音来创建的。例如,"do not"可缩写为"don't","I would"可缩写为"I'd"。将每个缩略语转换为其扩展的原始形式通常有助于文本标准化。
- 删除特殊字符:非字母或数字字符,如特殊字符和符号,往往会给非结构化文本中增加额外的噪声。通常,可以使用简单正则表达式(regexes)来实现这一点。
- 词干提取和词形还原:两者都是用来将单词转换为其基本形式的。在词干提取中,主要采用"缩减"的方法,将单词转换为其词干形式,例如,将"cats"处理为"cat",将"effective"处理为"effect"。在词形还原中,主要采用"转变"的方法,将词转变为其原形,如将"drove"处理为"drive",将"driving"处理为"drive"。
- 删除停用词:在从文本中构造有意义的特征时,没有实际意义或者信息量非常低的词被称为停用词。这些停用词的使用频率通常是最高的,如 a、an、the、and 等冠词、介词和连词。它们在文本分析中往往被忽略或移除,因为它们对于理解文本的语义没有太大贡献。

除此之外,还有许多其他标准操作,如删除额外的空格、文本小写转换、拼写纠正、语法错误纠正和删除重复字符等。

## 1.1.2 词袋模型

首先,我们介绍一种简单的特征提取方法——词袋模型(Bag-of-Words model,BOW),最早出现在自然语言处理(Natural Language Processing)和信息检索(Information Retrieval)领域,是一种将文本表示为词频向量的方法。在词袋模型中,文本中的每个词都被视为一个特征,而文本则被表示为一个向量,向量中的每个元素对应于特定词的出现次数。

词袋模型的构建步骤主要包括以下几个环节。

(1) 分词:将文本切分成词的序列。

(2) 建立词典:统计所有文档中出现的不重复词,并形成词典。

(3) 向量化:将每个文档表示为词频向量,向量的每个元素对应词典中的一个词,其值为该词在文档中的出现次数。

从图 1-1 中可以清楚地看到,特征向量中的每一列表示语料库中的一个单词,每一行表示我们的一个文档,单元格中的值表示该单词在特定文档中出现的次数。因此,如果一个文档语料库由所有文档中的 $n$ 个唯一单词组成,那么每个文档可以表示为一个 $n$ 维向量。

|   | bacon | beans | beautiful | blue | breakfast | brown | dog | eggs | fox | green | ham | jumps | kings | lazy | love | quick | sausages | sky | toast | today |
|---|---|---|---|---|---|---|---|---|---|---|---|---|---|---|---|---|---|---|---|---|
| 0 | 0 | 0 | 1 | 1 | 0 | 0 | 0 | 0 | 0 | 0 | 0 | 0 | 0 | 0 | 0 | 0 | 0 | 1 | 0 | 0 |
| 1 | 0 | 0 | 1 | 1 | 0 | 0 | 0 | 0 | 0 | 0 | 0 | 0 | 0 | 1 | 0 | 0 | 0 | 1 | 0 | 0 |
| 2 | 0 | 0 | 0 | 0 | 1 | 1 | 0 | 1 | 0 | 0 | 1 | 0 | 1 | 0 | 0 | 0 | 1 | 0 | 0 | 0 |
| 3 | 1 | 1 | 0 | 0 | 0 | 0 | 0 | 1 | 0 | 0 | 1 | 0 | 0 | 0 | 0 | 0 | 1 | 0 | 1 | 0 |
| 4 | 1 | 0 | 1 | 0 | 0 | 0 | 0 | 1 | 1 | 0 | 0 | 0 | 0 | 0 | 0 | 0 | 1 | 0 | 0 | 0 |
| 5 | 0 | 0 | 0 | 0 | 0 | 0 | 1 | 0 | 0 | 0 | 0 | 1 | 0 | 1 | 0 | 1 | 0 | 0 | 0 | 0 |
| 6 | 0 | 0 | 1 | 1 | 0 | 0 | 0 | 0 | 0 | 0 | 0 | 0 | 0 | 0 | 0 | 0 | 0 | 2 | 0 | 1 |
| 7 | 0 | 0 | 0 | 0 | 0 | 0 | 1 | 0 | 0 | 1 | 0 | 0 | 0 | 0 | 1 | 0 | 0 | 0 | 0 | 0 |

图 1-1 词袋模型特征向量

词袋模型忽略了文本的语法、语序等要素,将文本仅仅看作是一组词汇的集合。在该模型中,文档中每个单词的出现都被视为独立的。简单来说,就是将每篇文档都看成一个袋子,通过分析袋子里的词汇来进行分类。例如,如果文档中包含较多的"猪""马""牛""羊""山谷""土地""拖拉机"等词汇,而"银行""大厦""汽车""公园"等词汇较少,我们就倾向于判断它是一篇描绘乡村的文档,而不是描述城镇的文档。

词袋模型能够将非结构化的文本数据转换为结构化的数值数据,以便进行机器学习模型的训练和预测,适用于多种自然语言处理和信息检索任务,例如文本分类、情感分析、文档聚类等。然而,它也存在一些明显的缺点。

- 词库维护困难:词袋模型的一个主要缺点在于其对庞大词库的依赖,必须花费大量精力构建和维护这一庞大的词汇库。这不仅增加了模型的复杂性,还可能导致计算和存储方面的挑战。
- 忽略词汇顺序:词袋模型不考虑词汇在文本中的顺序,将文本看作词汇的无序集合,因此无法捕捉词语之间的上下文关系,可能导致信息丢失。
- 失去句法和语法信息:该模型忽略了文本的语法和句法结构,因此无法理解词语之间的语法关系,降低了对文本语言结构的理解能力。
- 单词独立性假设:词袋模型假设文档中的每个词都是相互独立的,而实际上,词汇之间可能存在复杂的关联关系,这会导致模型对语义信息的建模不足。
- 易混淆近义词和歧义词:由于模型只考虑词汇的出现而不考虑其语境,可能无法区分具有相似语义但不同表达的词汇。与之相反,对于相似表达但不同语义的文本,模型也容易混淆,例如,"我喜欢北京"和"我不喜欢北京",这两个文本在语义上是相反的,但词袋模型会将其判断为高度相似。
- 词汇量的影响:词袋模型对于文档中的每个词汇都进行建模,因此在处理大规模语料库时,可能会导致高维度的稀疏矩阵,增加了计算和存储的复杂性。

## 1.1.3 N-gram 模型

一个单词通常被称为 unigram 或 1-gram。N-gram 模型通过考虑按顺序出现的短语或单词的集合,进一步改进了词袋模型不考虑单词的顺序的问题。该模型基于一个假设,即第 $N$ 个词的出现只与前面的 $N-1$ 个词有关。在 N-gram 模型中,文本文档中的单词集合是连续的,并以序列形式出现。Bi-gram 表示 2 阶 N-gram(由 2 个单词组成),Tri-gram 表示 3 阶 N-gram(由 3 个单词组成),依此类推。因此,N-Gram 模型是对词袋模型的扩展,图 1-2 的示例描述了每个文档特征向量中基于 Bi-gram 的特征。每个特征由表示两个单词序列的 Bi-gram 组成,值表示该 Bi-gram 在文档中的出现次数。

| | bacon eggs | beautiful sky | beautiful today | blue beautiful | blue dog | blue sky | breakfast sausages | brown fox | dog lazy | eggs ham | ... | lazy dog | love blue | love green | quick blue | quick brown | sausages bacon | sausages ham | sky beautiful |
|---|---|---|---|---|---|---|---|---|---|---|---|---|---|---|---|---|---|---|---|
| 0 | 0 | 0 | 0 | 1 | 0 | 0 | 0 | 0 | 0 | 0 | ... | 0 | 0 | 0 | 0 | 0 | 0 | 0 | 0 |
| 1 | 0 | 1 | 0 | 1 | 0 | 0 | 0 | 0 | 0 | 0 | ... | 0 | 1 | 0 | 0 | 0 | 0 | 0 | 0 |
| 2 | 0 | 0 | 0 | 0 | 0 | 0 | 0 | 1 | 0 | 0 | ... | 1 | 0 | 0 | 0 | 1 | 0 | 0 | 0 |
| 3 | 1 | 0 | 0 | 0 | 0 | 0 | 1 | 0 | 0 | 0 | ... | 0 | 0 | 0 | 0 | 0 | 0 | 1 | 0 |
| 4 | 0 | 0 | 0 | 0 | 0 | 0 | 0 | 0 | 1 | 0 | ... | 0 | 0 | 1 | 0 | 0 | 1 | 0 | 0 |
| 5 | 0 | 0 | 0 | 0 | 1 | 0 | 0 | 0 | 1 | 0 | ... | 0 | 0 | 0 | 1 | 0 | 0 | 0 | 0 |
| 6 | 0 | 0 | 1 | 0 | 0 | 1 | 0 | 0 | 0 | 0 | ... | 0 | 0 | 0 | 0 | 0 | 0 | 0 | 1 |
| 7 | 0 | 0 | 0 | 0 | 0 | 0 | 0 | 1 | 1 | 0 | ... | 0 | 0 | 0 | 0 | 0 | 0 | 0 | 0 |

8 rows × 29 columns

图 1-2 Bi-gram 模型特征向量

## 1.1.4　TF-IDF 模型

在大型语料库中使用词袋模型可能会引发一些潜在的问题。由于特征向量是基于绝对频率,某些项可能在所有文档中都频繁出现,这可能导致掩盖其他方面的特征。为了解决这一问题,TF-IDF 模型应运而生,它在计算中引入了缩放或归一化因子。TF-ID 代表 Term Frequency-reverse Document Frequency,最初是为搜索引擎中查询结果的排序而开发的,如今已经成为信息检索和自然语言处理领域中不可或缺的模型。

TF(Term Frequency,词频)的公式为

$$词频(TF) = \frac{某个词在文章中的出现次数}{该文出现次数最多的词的出现次数} \qquad 式(1-1)$$

IDF(Inverse Document Frequency,逆文本频率)的公式为

$$逆文档频率(IDF) = \log\left(\frac{语料库的文档总数}{包含该词的文档数+1}\right) \qquad 式(1-2)$$

式中,分母之所以加 1 是为了防止分母为 0。综上得到 TF-IDF 的公式为

$$TF-IDF = 词频(TF) \times 逆文档频率(IDF) \qquad 式(1-3)$$

如果某个词在整体语料库中出现较少,但在特定文章中多次出现,那么这个词很可能反映了该文章的特性,成为我们所需要的关键词。词汇的 TF-IDF 值与其对文章的重要性成正比,重要性越高,TF-IDF 值越大。

## 1.2　基于深度学习的文本数据特征提取方法

在 1.1 节中,我们介绍了传统的(基于计数的)文本数据特征工程。虽然这些方法能够有效地从文本中提取特征,但是由于模型本身将文本看作是一袋非结构化的单词,我们在过程中丢失了额外的信息。例如,我们丢失了关于每个文本文档中邻近单词的语义、结构、序列和上下文。这促使我们探索更复杂的模型,这些模型能够捕捉这些丢失的信息,并为我们提供单词的向量特征表示,通常被称为词嵌入。

词嵌入(Word Embedding)是将词表中的单词映射为实数向量的特征学习技术的统称。为了克服词袋模型缺乏语义以及特征稀疏的缺点,我们需要利用向量空间模型(Vector Space Model,VMS)[1],将单词嵌入到基于语义和上下文的连续向量空间中。在语义分布领域,分布式假设指出单词的属性由其所处的环境刻画,如果两个单词在含义上接近,那么它们将出现在相似的文本中,具有相似的上下文。换言之,具有相同上下文的单词通常会在语料库中共同出现,因此它们在向量空间中也会彼此接近。在文献[2]中详细讨论了不同类型的语义词向量。构建上下文词向量的主要的方法有两种。一种是基于计数的方法,例如,潜在语义分析(Latent Semantic Analysis,LSA)[3]。潜在语义分析通过对大量的文本集进行统计分析,生成文档与其中所有词在该文档中出现频次的矩阵(词文档矩阵),经过奇异值分解(Singular Value Decomposition,SVD)、降维等处理得到词向量。另一种方法是基于神经网络的语言模型的预测方法,该方法通过从相邻的单词中预测单词来观察语料库中的单词序列,并通过学习分布表示得到词嵌入,Word2Vec 模型是该方法的典型例子。

## 1.2.1 Word2Vec

Bengio 等人[4]于 2003 年在论文《A Neural Probabilistic Language Model》中提出了一种神经概率语言模型。尽管当时并未引起广泛关注,但该论文首次探讨了用神经网络解决语言模型问题的思路,为后来深度学习在语言模型领域取得重要进展奠定了坚实的基础。这篇论文较早地提出将单词表示为低秩向量,而非传统的独热(one-hot)向量。词嵌入作为语言模型的副产品,在后续的研究中发挥了关键作用,为研究者提供了更加广泛的思路。特别值得注意的是,Word2Vec 的概念也是在该论文中首次提出的。

Word2Vec 模型是由谷歌于 2013 年创建的,它以无监督方式从大量文本语料中学习语义知识。该模型将每个词映射到一个固定长度的向量,这些向量能更好地表达不同词之间的相似性和类比关系。Word2Vec 模型的神经网络结构仅包括输入层、隐藏层和输出层,根据输入输出的不同,模型框架主要包括连续词袋模型(CBOW)和跳元模型(skip-gram)[5]。CBOW 的方法是在已知词 $w_t$ 的上下文 $w_{t-2}, w_{t-1}, w_{t+1}, w_{t+2}$ 的情况下预测当前词 $w_t$。而 Skip-gram 是在已知词 $w_t$ 的情况下,对词 $w_t$ 的上下文 $w_{t-2}, w_{t-1}, w_{t+1}, w_{t+2}$ 进行预测,如图 1-3 所示(上下文窗口为 2)。

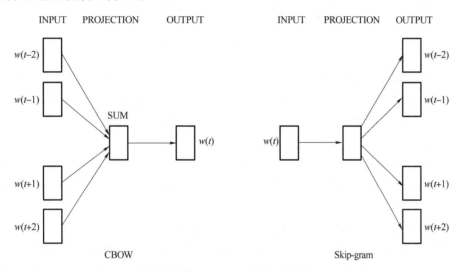

图 1-3 连续词袋模型(CBOW)与跳元模型(Skip-gram)

连续词袋模型假设是基于上下文词来生成中心单词,而跳元模型假设一个单词可用于在文本序列中生成其周围的单词。由于 sofmax 操作的性质,跳元模型的梯度计算和连续词袋模型的梯度计算都涉及对整个词表大小相同数量项的求和。考虑到一个词典通常包含几十万或数百万个单词,这样的求和计算在梯度计算中会带来巨大的成本。为了降低上述计算复杂度,Word2Vec 提出了两种近似训练方法来加快训练速度[6],分别是分层 softmax 和负采样。分层 softmax 利用二叉树从根节点到叶节点的路径来构造损失函数,训练的计算成本取决于词表大小的对数。而负采样通过考虑相互独立的事件来构造损失函数,这些事件同时涉及正例和负例,训练的计算量与每一步的噪声词数 $K$ 呈线性关系。这两种方法都使计算复杂度显著降低。

## 1.2.2 GloVe

上下文窗口的词共现包含丰富的语义信息。例如,在一个大型语料库中,"固体"更有可能与"冰"共现,而"气体"与"蒸汽"的共现频率可能比与"冰"的共现频率更高。与 Word2Vec 使用局部上下文信息来获取词向量不同,GloVe(Global Vectors for Word Representation)[7]是一种全局向量模型,是基于全局词频统计(count-based & overall statistics)的词表征(word representation)工具,也是一种无监督学习模型。该模型通过全局语料库的统计数据预先计算上述的共现概率,以提高训练效率。

GloVe 模型的基本方法是首先创建一个由(单词、上下文)对组成的巨大单词上下文共现矩阵,该矩阵中的每个元素表示单词与上下文一起出现的频率(可以是单词序列)。然后,应用矩阵分解来逼近这个矩阵,如图 1-4 所示。

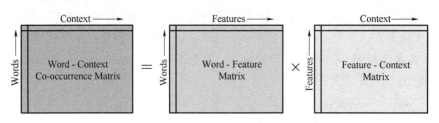

图 1-4 GloVe 模型矩阵分解

为此,我们使用一些随机权重初始化 Word-Feature(WF)矩阵和 Feature-Context(FC)矩阵,尝试将它们相乘,通过多次使用随机梯度下降(Stochastic Gradient Descent,SGD)[8]来逼近 Word-Context(WC)矩阵。最终,单词特征矩阵(WF)即为每个单词提供单词嵌入,其中 F(Features)可以预先设置为特定数量的维度。

Word2Vec 和 GloVe 模型的工作原理非常相似。这两种方法的目的都是建立一个向量空间,在这个空间中,每个单词的位置都受到其相邻单词的上下文和语义的影响。GloVe 与 Word2Vec 的区别在于:

- Word2Vec 是局部语料库训练的,其特征提取基于滑动窗口,而 GloVe 的滑动窗口是为了构建共现矩阵,统计了全部语料库里在固定窗口内的词共现的频次,是基于全局语料的。因此,Word2Vec 可以进行在线学习,而 GloVe 需要事先统计固定语料信息。
- Word2Vec 的损失函数实质上是带权重的交叉熵,权重固定;GloVe 的损失函数是最小平方损失函数,权重可以进行映射变换。
- GloVe 利用了全局信息,使其在训练时收敛更快。相较于 Word2Vec,GloVe 训练周期更短且效果更好。

## 1.3 循环神经网络

循环神经网络(Recurrent Neural Networks,RNN)[9]是一种具有隐状态的神经网络,对具有序列特性的数据(如文本)非常有效。其衍生的诸多变体在自然语言处理领域得到广泛应用。RNN 能挖掘数据中的时序信息以及语义信息,使深度学习模型在解决语音识别、语言模型、机器翻译以及时序分析等自然语言处理领域的问题时取得显著进展。

图 1-5 所示为循环神经网络在 3 个相邻时间步的计算逻辑。在任意时间步 $t$,隐状态拼接当前时间步 $t$ 的输入 $\boldsymbol{X}_t$ 和前一时间步 $t-1$ 的隐状态 $\boldsymbol{H}_{t-1}$,然后将拼接的结果送入带有激活函数 $\phi$ 的全连接层,全连接层的输出是当前时间步 $t$ 的隐状态 $\boldsymbol{H}_t$。

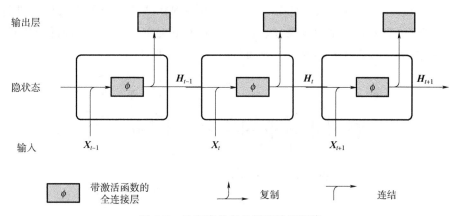

图 1-5 具有隐状态的循环神经网络

RNN 模型不会要求约束输入和输出的长度,它允许输入或输出一个向量序列,除了最基础的 RNN,根据输入与输出的序列对比,可以将其简单地分为 4 种类型:1 vs $N$,$N$ vs 1,$N$ vs $N$,$N$ vs $M$,如图 1-6 所示。

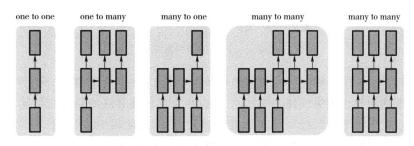

图 1-6 根据输入与输出的序列对比可将 RNN 简单分为多种类型

1 vs $N$:该结构的输入是一个单一值,而输出是一个序列。一个常见的例子是图像到文本的生成,其中 $X$ 表示图像的特征,而输出的 $Y$ 序列表示对该图像的描述。有两种常见实现方式,一种是仅在序列开始时输入 $X$ 进行计算,另一种是在每个时间步都将输入信息 $X$ 输入网络。

$N$ vs 1:该结构表示输入是一个序列($N$ 个元素),而输出是一个单独的值。在文本情感分类任务中,这种结构非常适用。例如,给定一段文本:"我觉得这部电影很好看",我们的目标是对这句话的情感进行分析,确定是正面的还是负面的,并最终输出一个标签。因此,$N$ vs 1 结构很适合处理序列分类问题。

$N$ vs $N$:这是一个很经典的结构,该结构要求输入序列与输出序列必须具有相同的长度,这限制了其应用范围,例如在翻译任务中,两种语言的翻译可能长度不一致。虽然经典

RNN 在这方面有一些局限性,但在某些问题上仍然适用,例如对视频中每一帧进行分类标签,因为输入与输出序列具有相同的长度。

$N$ vs $M$:这是 4 种变体中最常见也最重要的一种。该结构输入一组长度为 $N$ 的序列,生成长度为 $M$ 的序列。这种结构通常用于机器翻译,其中两种语言对于相同意思的表达可能具有不同的长度。$N$ vs $M$ 结构又称 Encoder-Decoder 模型,也可以称为 Seq2Seq 模型。Encoder-Decoder 结构首先将输入数据编码成一个上下文向量 $c$,这个过程称为编码(Encoding)。然后,在解码器(Decoder)部分,利用另一个 RNN 网络对上下文向量 $c$ 进行解码。在 Decoder 部分,有两种常见的实现方式,一种是将上下文向量 $c$ 作为之前的初始状态输入到 Decoder 中,另一种是将 $c$ 作为每个时间步的输入。如图 1-7 所示。

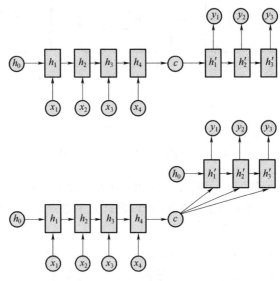

图 1-7 Decoder 部分的两种常见处理方法

总体而言,RNN 采用线性序列结构进行传播,但随着网络层数增加,RNN 在处理长序列场景时可能遇到梯度消失或梯度爆炸的问题(由反向传播算法的局限性导致)。这意味着位于序列较后时间的节点对较早时间节点的感知力下降,使得 RNN 对长期依赖关系不敏感,导致长期记忆的丢失。例如,在预测句子"I grew up in France... I speak fluent ____"最后一个词的任务中,根据当前位置前面的词语,我们知道这个词应该是一种语言的名字。为了确定是哪种语言,我们需要继续往前查找信息,于是找到了在开头距离当前位置很远的 France。然而,RNN 已经无法学习到距离间隔如此远的信息,因此无法了解 France 的信息,从而也无法准确预测最后一个词是什么。

此外,RNN 还很难实现高效的并行计算。为了解决这些问题,有两种主要的方法:一是以新的方法改善或者代替传统的 SGD 方法,如 Bengio 等人[10]提出的梯度裁剪;二是设计更加精密的循环神经单元,例如门控循环单元(Gated Recurrent Units,GRU)和长短期记忆网络(Long Short-Term Memory,LSTM),这些方法在处理长序列和捕捉长期依赖关系方面取得了显著的效果。门控循环单元 GRU 和长短期记忆网络 LSTM 如图 1-8 所示。

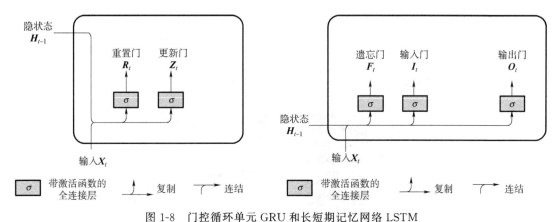

图 1-8 门控循环单元 GRU 和长短期记忆网络 LSTM

## 1.4 卷积神经网络

卷积神经网络（Convolutional Neural Network，CNN）[11]在处理序列数据时不存在上述循环神经网络（RNN）中的序列依赖问题。CNN 不仅在计算机视觉领域广泛应用，在自然语言处理领域也备受关注。从数据结构的角度来看，CNN 的输入数据为文本序列，假设句子长度为 $n$，词向量的维度为 $d$，则输入就是一个 $n \times d$ 的矩阵。显然，该矩阵的行列"像素"之间的相关性是不一样的。该矩阵的不同行表示不同的词，而同一行表示一个词的向量表征。由于文本中不同词之间的相关性不同，我们可以使用一维卷积来处理这种结构。Kim 等人[12]在 2014 年首次将 CNN 用于自然语言处理中的文本分类任务，其提出的网络结构如图 1-9 所示。

从图 1-9 中可以看到，卷积核大小会对输出值的长度有所影响。但经过池化之后，不同大小的卷积核输出的特征长度可映射到相同的尺寸。例如，图 1-9 中深红色卷积核的大小是 $4 \times 5$，对于输入大小为 $7 \times 5$ 的输入值，卷积之后的输出值是 $4 \times 1$，最大池化之后是 $1 \times 1$。而深绿色卷积核的大小是 $3 \times 5$，卷积之后的输出值是 $5 \times 1$，最大池化之后也是 $1 \times 1$。之后将这 5 个池化后的值进行组合，形成了最终池化后的特征组合。这样设计的优点是：无论输入的文本长度是否相同，使用相同数量的卷积核进行卷积后，通过池化得到的特征长度是相同的（等于卷积核的数量），这使得它们可以方便地连接到全连接层进行进一步的处理。

卷积的过程就是特征提取的过程。一个完整的卷积神经网络包括输入层、卷积层、池化层、全连接层等，各层之间相互关联。而在卷积层中，卷积核起到非常重要的作用，CNN 捕获到的特征基本上都体现在卷积核中。卷积层包含多个卷积核，每个卷积核提取不同的特征。以单个卷积核为例，假设卷积核的大小为 $d \times k$，其中 $k$ 是卷积核指定的窗口大小，$d$ 是词嵌入的长度。卷积窗口依次通过每一个输入，捕获单词的 k-gram 片段信息，这些 k-gram 片段就是 CNN 捕获到的特征，$k$ 的大小决定了 CNN 能捕获多远距离的特征。

卷积层之后是池化层，通常采用最大池化方法。如图 1-10 所示，在最大池化过程中，

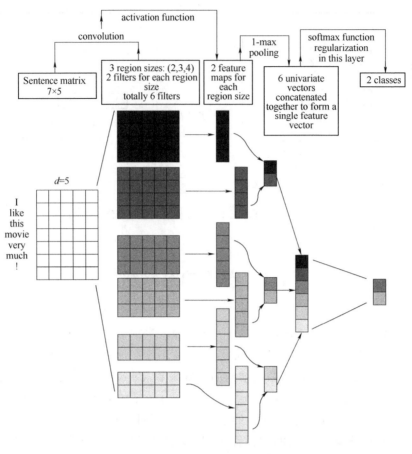

图 1-9 TextCNN 模型网络结构

窗口的大小是 2×2,通过窗口滑动,在 2×2 的区域上保留数值最大的特征。通过最大池化,可以将一个 4×4 的特征图转换为一个 2×2 的特征图,这里池化的作用在于降低维度。

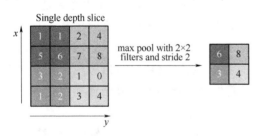

图 1-10 最大池化方法

最后通过非线性变换,将输入转换为某个特定值。随着卷积的持续进行,产生特征值,形成特征向量。之后连接至全连接层,得到最终的分类结果。

值得一提的是,CNN 中的局部权重共享结构使得神经网络能够并行学习,更有效地处理高维数据。然而,CNN 网络也存在一些缺点:当网络层数过深时,采用反向传播调整内部参数会导致接近输入层的参数变化较为缓慢;采用梯度下降进行迭代时,容易使得训练结果收敛于局部最优而非全局最优;池化层会导致一定的有价值信息丢失,忽略了局部与整体之间的关联性。因此,我们仍需要找到更优的文本特征提取器。

## 1.5 基于图的文本建模

### 1.5.1 图

在图论中,图是一种结构化数据类型,它由节点(持有信息的实体)和边(也可以持有信息的节点之间的连接)组成。在计算机科学中,我们经常讨论一种被称为图的数据结构。

如图 1-11 所示,图的边和/或节点上可以有标签,标签也可以被认为是权重;这些标签不必是数字,也可以是文本。图可以是有向的或无向的,图中的节点甚至可以有一条与自身相连的边,也就是所谓的自循环。根据图中节点类型是否相同,图可以分为同构图与异构图,同构图由相同类型的节点组成,异构图由不同类型的节点组成。

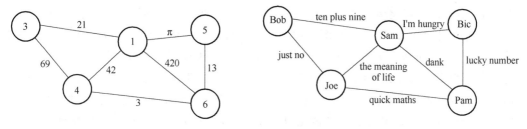

图 1-11　节点和边上的标签可以是数字也可以是文本

深度学习一直以来都受到几大经典模型的影响,如 CNN、RNN 等,这些经典模型在计算机视觉和自然语言处理领域取得了优异的效果。然而,CNN 和 RNN 仍然存在无法解决或者难以解决的问题——图结构的数据,典型的例子包括图结构或拓扑结构,如社交网络、化学分子结构、知识图谱等。回顾一下,当我们做图像识别任务时,对象是图片,是一个二维的结构,于是人们发明了 CNN,以卷积的方式来提取特征,其关键之处在于图片结构上的平移不变性(translation invariance),卷积核在图片上平移过程中,窗口内的结构始终相同,因此 CNN 可以实现参数共享。再回顾 RNN 系列,其对象是自然语言这样的序列信息,是一个一维的结构,RNN 是专门针对这些序列的结构而设计的,通过各种门的操作,使得序列前后的信息互相影响,从而很好地捕捉序列的特征。无论是图片还是语言,都属于欧式空间的数据,结构很规则,因此才有维度的概念。而图的结构一般来说是不规则的,可以认为是无限维的一种数据,因此它不具备平移不变性,每个节点的周围结构可能都是独一无二的,这种不规则的数据结构让传统的 CNN 和 RNN 变得不够灵活。

因此,很多学者从 20 世纪就开始研究如何处理这类数据,涌现出了很多方法,例如图神经网络、DeepWalk、node2vec 等。大量的自然语言处理问题(如序列数据中的结构和语义信息)可以用图结构来最好地表达,图结构化数据可以对实体标记之间的复杂成对关系进行编码,从而学习更多的信息表示。

## 1.5.2 图神经网络

图神经网络(Graph Neural Networks,GNN)是一类直接应用于图结构数据的现代神经网络,本质上是图表示学习模型,可用于以节点为中心的任务和以图为中心的任务。GNN可以学习图中每个节点的嵌入,并将节点嵌入聚合以得到图嵌入。下面介绍图神经网络的基本方法。

(1)图过滤(Graph Filtering):图过滤器有多种实现方式,可以大致分为基于谱的图过滤器、基于空间的图过滤器、基于注意力的图过滤器和基于循环的图过滤器。从概念上讲,基于谱的图过滤器基于谱图论(Spectral Graph Theory),而基于空间的方法会使用图中空间上邻近的节点来计算节点嵌入。某些基于谱的图过滤器可以转换成基于空间的图过滤器。基于注意力的图过滤器的灵感来自注意力机制,其会为不同的近邻节点分配不同的权重。基于循环的图过滤器会引入门控机制,模型参数在不同的 GNN 层共享。图过滤并不改变图的结构,但会优化节点嵌入。最终的节点嵌入可通过堆叠多层图过滤层生成。

(2)图池化(Graph Pooling):图池化层的设计目的是生成面向以图为中心的下游任务的图级别表示,例如基于从图过滤学习到的节点嵌入来执行图分类和预测。学到的节点嵌入对以节点为中心的任务来说通常足够,但以图为中心的任务需要整个图的表示。为此,我们需要对节点嵌入信息和图结构信息进行归纳和总结。图池化层可分为两大类:平式图池化(Flat Graph Pooling)和分层式图池化(Hierarchical Graph Pooling)。平式图池化直接从节点嵌入生成图级别的表示。相对而言,分层式图池化包含多个图池化层,并且每个池化层都在一些叠放的图过滤器之后。

## 1.5.3 用于自然语言处理的图构建方法

上一小节介绍了当输入为图时的 GNN 基础知识和基本方法。然而,对于大多数自然语言处理任务而言,输入一般并不是图,而是文本序列。因此,为了能够应用 GNN,基于文本序列来构建用作输入的图就成为一个必需的步骤。本小节将重点介绍两大类用于各种自然语言处理任务的图构建方法,即静态图构建和动态图构建[13]。

**1. 静态图构建**

静态图构建方法的目标是在预处理阶段构建图结构,通常使用已有的关系解析工具(如依存关系解析)或人工定义的规则。从概念上讲,静态图会整合隐藏在原始文本中的不同领域或外部知识,以在原始文本的基础上增补丰富的结构化信息。

**2. 动态图构建**

虽然静态图构建在将数据的先验知识编码进图结构方面具有优势,但也存在一些局限性。首先,为了构建表现合理的图拓扑结构,需要大量人力和领域专业知识;其次,人工构建的图结构可能很容易出错(存在噪声或不完备);再次,由于图构建阶段和图表示学习阶段是分开的,因此在图构建阶段引入的误差无法得到校正,可能累积到后续阶段,从而影响结果表现;最后,图构建过程的信息往往仅来自机器学习实践者的想法,而它们对下游而言可能并非最优。

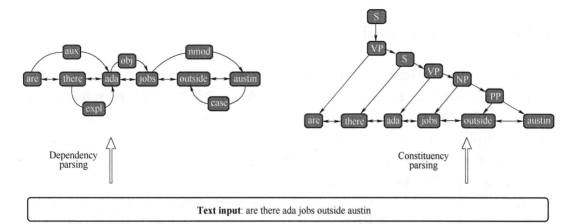

图 1-12 分别显示了依赖关系图（左）和选区关系图（右）的示例

为了应对上述挑战,一些尝试将 GNN 应用于自然语言处理的方法探索了动态图构建方法,无须人类提供领域专业知识。大多数动态图构建方法的目标都旨在动态地学习图结构(即加权的邻接矩阵),并且图构建模块可以与后续的图表示学习模块联合优化,以端到端的方式解决下游任务。应用动态图构建的一个很好的例子是在会话型机器阅读理解任务中构建图,捕获文本段落中所有单词之间语义关系。与基于领域专业知识构建固定的静态图不同,我们可以与图嵌入学习模块共同训练图结构学习模块,以学习一个既考虑单词语义,又考虑会话历史和当前问题的最优图结构。

如图 1-13 所示,动态图创建方法通常包含一个图相似度度量学习组件,该组件能够根据嵌入空间中每对节点的相似度学习一个邻接矩阵。此外,还有一个图稀疏化组件,其可以从所学习到的全连接图提取一个稀疏图。有研究发现,将本身固有的图结构与学习到的隐含图结构组合起来有助于实现更好的学习效果。为了有效地联合执行图结构学习和表征学习,研究社区还提出了多种学习范式:最直接的策略是以端到端的方式联合优化整个学习系统以实现下游(半)监督预测任务[14,19];另一种常见策略是自适应学习每个堆叠 GNN 层的输入图结构[15],以反映中间图表示的变化,这类似于 Transformer 模型在每一层学习不同加权的全连接图的方式;与上述两种范式不同,Chen 等人[16]提出了一种迭代图学习框架,通过基于更好的图表示学习更好的图结构,同时基于更好的图结构以迭代方式学习更好的图表示。因此,这种迭代学习范式能够反复细化图结构和图表示,以实现最佳的下游性能。

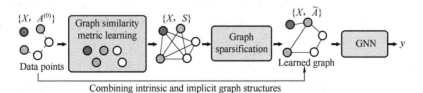

图 1-13 动态图构建的整体图示。虚线（左侧的数据点中）
表示可选的本身固有的图拓扑关系

### 1.5.4 用于NLP的图表示学习

在上一小节中,我们简单介绍了静态图和动态图的构造。在本节中,我们将讨论各种图表示学习技术,这些技术直接用于各种类型的自然语言处理任务中的图构造问题。图表示学习的目标是找到一种方法,通过机器学习模型将图结构和属性信息合并到低维嵌入中[17]。按照图中节点及边的类型,可将图分为同构图、多关系图与异构图。一般而言,基于原始文本数据构建的图要么是同构的,要么是异构的。

**1. 同构图的图神经网络**

GCN[18]、GAT[19]和GraphSage[17]等大多数图神经网络都是为同构图设计的,然而同构图并不适用于很多自然语言处理任务。例如,给定一个自然语言文本,根据其构建的依赖图可能包含多个关系,而传统的GNN方法无法直接利用这些关系。因此,将任意图转换为同构图的策略则尤为重要。

用于处理静态图的GNN通常包含两个阶段。首先,将边信息转换为邻接矩阵$A$,然后再结合给定初始节点嵌入$X$,使用经典的GNN技术提取节点表示。由于动态图旨在与下游任务共同学习图结构,故而被图表示学习广泛采用。通过经典的GNN,如GCN、GAT、GGNN[20],可以有效地学习图嵌入,并采用基于注意力或基于度量学习的机制从非结构化文本中学习隐式图结构(即图邻接矩阵$A$)。

**2. 多关系图的图神经网络**

多关系图神经网络是对经典GNN在处理多关系图方面的扩展,其特点是具有相同的节点类型但不同的边类型。多关系GNN最初被引入以编码特定于关系的图,例如知识图谱和解析图,这些图在同一类型的节点之间具有复杂的关系。一般来说,大多数多关系GNN使用特定于类型的参数来单独建模关系。经典的相关算法如关系型GCN(R-GCN)[21]、关系型GGNN(R-GGNN)[21]和关系型GAT(R-GAT)[23]。

**3. 异构图的图神经网络**

在实际应用中,很多图的节点与边的类型都不唯一,如知识图谱、抽象语义表示(Abstract Meaning Representation,AMR)图[24]等,这些图被称为异构图。异构图具有不同类型的节点和边,为了充分利用节点和边的类型信息,有时需要采取特殊的处理方法。由于大多数现有的GNN方法仅针对同构条件而设计,并且在处理大量边类型时可能产生巨大的计算负担,因此通常将边有效地视为异构图中的节点。

在这方面,Levi图变换是处理异构图的重要图变换技术之一,是一种异构图的预处理技术,通过将异构图的边转换为新的节点(如图1-14所示),以简化图的结构和减轻计算负担。

异构图中节点之间的不同关系还可以通过元路径轻松揭示。元路径是连接两个对象的复合关系,是一种广泛使用的捕获语义的结构。以电影数据IMDB为例,节点分为电影、演员、导演三类,元路径Movie→Actor→Movie,覆盖两个电影集和一个演员,描述了合作演员关系。由此可见,尽管元路径在组织异构图方面是有效的工具,但它需要额外的领域专家知识。为此,一些研究人员采用了类似于关系型图神经网络(R-GNN)[17,19,20]的想法——针对异构图中不同类型的节点进行信息聚合,从而对异构图进行图表示学习。

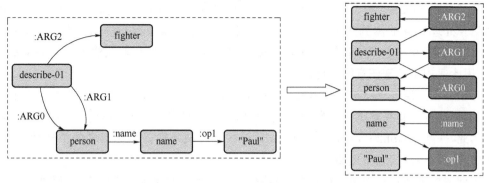

图 1-14 将 AMR 图转换为 Levi 图的示例

## 1.5.5 基于 GNN 的编码器-解码器模型

在自然语言处理领域,编码器-解码器架构是最常用的机器学习框架之一,其中的代表有 Seq2Seq 模型。由于 GNN 在建模图结构数据方面能力非凡,在基于 GNN 的编码器-解码器框架方向涌现了许多研究成果,包括图到序列模型(Graph-to-Seq)、图到树(Graph-to-Tree)模型和图到图(Graph-to-Graph)模型。

Seq2Seq 模型最初是为了解决序列到序列问题而设计的,即将顺序输入映射到顺序输出。然而,在许多自然语言处理应用中,输入数据的自然表示是图结构,如依赖图、选区图、AMR 图、信息抽取图和知识图谱等。与顺序数据相比,图结构数据能够更好地编码对象之间的复杂语法或语义关系。此外,即使原始输入最初以顺序形式表示,将丰富的结构信息(例如,特定领域的知识)明确地合并到序列中也能够提升模型性能。因此,面对这些情况,需要一种编码器-解码器框架来学习图到某种表示(如序列、树或图)的映射。

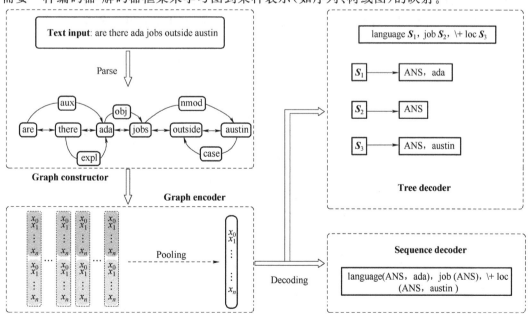

图 1-15 基于图的编码器-解码器模型的整体架构,其中包含 Graph2Seq 和 Graph2Tree。
$S_1$ 和 $S_2$ 等节点表示子树节点,新的分支由此而生。

为了克服 Seq2Seq 模型在编码复杂数据结构方面的局限性,研究者们提出了许多用于自然语言处理任务的图到序列(Graph2Seq)编码器-解码器模型,这些模型通常采用基于 GNN 的编码器和基于 RNN 或 Transformer[25]的解码器,更擅长捕获输入文本的丰富结构信息,因此适用于处理任意图结构数据。

除了在输入端考虑结构信息,许多自然语言处理任务往往还包含以复杂结构表示的输出,例如树结构。其在输出端也富含结构信息,例如句法解析、语义解析、数学应用题解决等。为此,一些 Graph2Tree 模型[26]被提出,旨在同时纳入输入和输出端的结构信息,使得编码解码过程中的信息流更加完整。

图到图模型通常作为图编码器-解码器模型用于解决图转换问题。图编码器生成图中每个节点的潜在表示,或者通过 GNN 为整个图生成一个图级潜在表示。然后,图解码器根据来自编码器的节点级或图级潜在表示生成输出目标图。图到图模型旨在解决深度图转换问题,目标是通过深度学习将源域中的输入图转换为目标域中相应的输出图,深度图转换在许多领域都有着多种应用,例如分子优化和网络安全中的恶意软件限制等。

## 1.6 小 结

深度学习已成为处理自然语言处理(NLP)中各种任务的主要方法。尽管文本输入通常表示为标记序列,但有多种 NLP 问题可以最好地用图结构来表达。因此,人们对为大量 NLP 任务开发新的图深度学习技术的兴趣激增。需要基于图神经网络的 NLP 任务有着非常丰富的应用,如自然语言生成、机器阅读理解、问答、对话系统、文本分类、文本匹配、主题建模、情感分类、知识图谱、信息抽取、语义和句法解析、推理以及语义角色标注等。我们将于第 2~7 章分别对如何基于图去解决短文本分类、虚假新闻检测、知识图谱表示学习、实体识别、新闻推荐以及人格检测任务进行详细地分析与介绍,并于第 8 章对全书进行总结。

# 第 2 章

# 基于异质图的短文本分类

随着在线社交媒体和电子商务的快速发展,互联网上的文本语料规模急剧增长,其中包括查询、评论、推文等短文本,也包括新闻、文章、论文等长文本。因此,迫切需要对其进行准确的分析。例如,作为最基本的任务之一,文本分类可以将这些文本语料分为若干个组,从而便于存储和快速检索。而新闻推荐可以帮助用户避免信息过载的困境,帮助用户快速找到自己的兴趣爱好。

然而,很多文本分析任务都会面临数据稀疏的问题。幸运的是,图,尤其是异质图,在引入额外信息和建模对象之间的交互方面具有强大的能力。因此,研究人员探索将文本构建一个合适的异质图,其中包含不同类型的对象(例如单词、实体、主题、实例、文档和其他组成部分等),以及将对象连接在一起的一种或多种类型的边,这可能有利于缓解数据稀疏问题并提高改善许多自然语言处理的任务。此外,不同的任务也会遇到一些独有的挑战,当然这些挑战也可以通过正确构造的异质图和精心设计的对应的异质图表示方法来解决。

在短文本分类任务中,除了数据稀疏性的挑战外,还存在歧义性、缺少标注数据等问题,因此亟需研究半监督的短文本分类。由于短文本稀疏性和标注数据有限的问题,大多数现有的着眼于长文本上的研究在短文本上表现不尽如人意。本章介绍两个基于异质图神经网络的半监督短文本分类方法 HGAT 和 HGAT-inductive。HGAT 通过在图上的信息传播实现充分利用有限的标注数据和大量的未标注数据。具体地,首先使用一个灵活易扩展的异质信息网络(HIN)框架,以用于对短文本进行建模,它可以引入任何类型的额外辅助信息,同时捕获它们之间的关系,以解决短文本语义稀疏的问题。然后,使用基于双层注意力机制的异质图神经网络,从而将异质网络嵌入表示,进而实现后续的短文本分类任务,其中双层注意力机制包括节点级(学习不同相邻节点的重要性)和类型级(不同节点(信息)类型对当前节点的重要性)。针对原始 HGAT 在实际应用中存在的局限性,例如,对于多标签文本分类的兼容性问题和对于原始图中不存在的新文本的分类问题,本章介绍了一类改进后的模型变体 HGAT-inductive,其对上述问题进行了进一步的解决。实验结果表明,本章介绍的模型在基准数据集中的表现优于目前最先进的方法。

## 2.1 HGAT:基于异质图注意力网络的半监督短文本分类

### 2.1.1 引言

随着在线社交媒体和电子商务的快速发展,在线新闻、搜索、评论、推特等短文本在互联网上出现得越来越普遍[27]。短文本分类可以广泛应用于许多领域,例如情感分析、新闻分类、查询意图分类等[28,29]。然而在许多实际情况中的标注数据很少,而人工标注又极其耗时,甚至需要专业知识[28]。因此,亟需研究在仅具有相对少量的标注数据时的半监督短文本分类。

然而,由于下述挑战的存在,半监督短文本分类是非常困难的问题:第一,短文本由于缺少上下文语境,通常是语义稀疏并且带有歧义的[30]。虽然现有一些工作已经结合诸如实体[31,32]之类的附加信息,但是他们没有考虑结构信息,如实体之间的语义关系。第二,带有标注的训练数据很少,这导致传统方法和监督神经模型的方法[33-35]失去了应有的效果。因此,如何充分利用有限的标注数据和大量的未标注数据成了短文本分类的一个关键问题[28]。第三,我们需要获得信息的多粒度的重要性,以应对短文本的稀疏性以及减少噪声信息的权重,从而实现更准确的分类结果。

本节首先介绍基于异质图神经网络的半监督短文本分类方法。它允许信息在自动构建的图上传播,以充分利用有限的标注数据和大量的未标注数据。首先,提出了一个基于异质信息网络(HIN)的灵活易扩展的短文本建模框架,它能够引入任何额外的辅助信息(例如实体和主题),同时建模文本和辅助信息之间的丰富关系。然后,提出了异质图注意力网络(HGAT),以利用新提出的双层注意力机制(包括节点级和类型级)获得异质网络中节点的嵌入表示。HGAT 模型不仅考虑到了不同节点类型的异质性,而且双级注意机制还捕获不同邻节点(信息)的重要性(减少噪声信息的权重)以及不同节点(信息)类型对当前节点的重要性。在下一节中,介绍本节方法的改进方法。

### 2.1.2 相关工作

**1. 传统文本分类**

传统文本分类方法,如 SVM[36],需要使用特征工程的步骤进行文本表示。最常用的特征是 BoW 和 TF-IDF[37]。一些最近的研究[38,39]将文本建模为图并提取基于路径的特征以进行分类。尽管它们在正式和经过良好编辑的文本分类上取得了较好的效果,但由于短文本的特征较少,所有这些方法都无法在短文本分类方面取得令人满意的表现。为了解决这个问题,一些方法尝试丰富短文本的语义。例如,文献[30]在外部语料库的帮助下提取了短文本的潜在主题特征。文献[31]从知识库中引入了外部的实体信息。然而,这些方法仍然无法实现良好的效果,这是因为特征工程的步骤严重依赖于领域知识。

**2. 深度学习文本分类**

深度神经网络由于可以自动获得文本的嵌入表示,已被广泛用于文本分类。两类最具代表性的深度神经模型,如循环神经网络(RNNs)[40,41]和卷积神经网络(CNNs)[34,42],已经在包括文本分类的许多自然语言处理的任务中展示了它们的能力。而为了使其适应短文本分类的场景,已经出现了几种方法。例如,文献[35]设计了一个字符级的CNN,它通过挖掘文本中不同粒度的信息来减轻稀疏性问题。文献[32]则进一步结合了知识库中的实体和概念,丰富短文本的语义。然而,这些方法不能捕获语义关系(例如,实体之间的关系)并且严重依赖于训练数据的规模。显然,缺乏标注数据仍然是阻碍它们实际落地的关键瓶颈。

**3. 半监督文本分类**

考虑到人工标注的成本以及未标注的文本也具备提供有价值信息的事实,半监督方法进入研究者的视野。它们可以分为两类:①潜变量模型[43,44];②基于嵌入表示的模型[29]。前者主要通过人工提供的种子信息对主题模型进行扩展,然后基于后验的类别-主题分配进行文本类别的推断。后者则使用种子信息来推导文本和标签名的嵌入表示。例如,PTE[45]使用图方法对文本、单词和标签进行建模,并学习文本(节点)的嵌入表示以进行分类。文献[29]利用种子信息生成用于预训练的伪标注文本。文献[18]使用基于SVM的半监督学习方法以一种迭代的方式逐步给未标注文本打标注。最近,半监督图卷积网络(GCN)[18]受到了广泛关注。TextGCN[13]将整个文本语料库建模为文本-单词的图,然后使用GCN做后续的分类任务。然而,这些都是用于长文本的方法,另外它们也不具有可以捕获信息重要性的注意力机制。

## 2.1.3 HGAT模型

本小节介绍一种新颖的基于异质图神经网络的半监督短文本分类方法,它允许信息在整个图上进行传播,从而实现充分利用有限的标注数据和大量的未标注数据。我们的方法包括两个步骤。具体来说,为了解决短文本的稀疏性问题,首先提出了一种灵活易扩展的短文本异质网络框架,以用于对短文本进行建模。它可以引入任何额外的辅助信息,同时可以捕获短文本和辅助信息之间丰富的关系信息。然后,提出了一种新颖的模型,即HGAT,利用新提出的双层注意力机制获得异质网络中节点的嵌入表示,从而用于短文本分类。HGAT不仅考虑了不同类型信息的异质性,还可以考虑不同节点的重要性(以减少噪声信息的权重)以及不同节点类型的重要性。

**1. 短文本异质网络**

我们首先介绍用于建模短文本的异质网络框架,它可以引入任何额外的辅助信息,同时捕获文本和辅助信息之间丰富的关系信息。通过这种方式,短文本的稀疏性问题可以得到有效缓解。

先前的研究工作已经尝试利用潜在主题[46]和知识库中的外部知识(例如实体)来丰富短文本的语义[31,32]。但是,他们没有考虑语义的关系信息,例如实体之间的关系。本章的短文本异质网络框架则可以灵活地引入任何外部信息的同时,还能建模它们之间丰富的关系信息。考虑两类外部信息,也就是主题和实体。如图 2-1 所示,构造异质网络 $\mathcal{G}=(\mathcal{V},\mathcal{E})$,其中节点包括短文本 $D=\{d_1,\cdots,d_m\}$,主题 $T=\{t_1,\cdots,t_K\}$,和实体 $E=\{e_1,\cdots,e_n\}$,即 $\mathcal{V}=D\cup T\cup E$,边 $\mathcal{E}$ 表示他们之间的关系。具体的构造细节如图 2-1 所示。

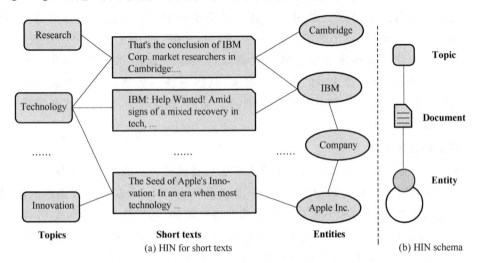

图 2-1 数据集 AGNews 中的短文本异质图实例

首先,使用 LDA[37] 挖掘潜在主题 $T$ 以丰富短文本的语义信息。每个主题 $t_i=(theta_1,\cdots,theta_w)$($w$ 表示词表大小)由在整个词表上的单词概率分布表示。随后,将每个文本分配给具有最大概率的 $P$ 个主题,即在该文本和被分配的主题之间建立一条边。

其次,识别文本 $D$ 中出现的实体 $E$,并使用实体链接工具 TAGME 将它们链接到 Wikipedia。如果某文本包含某个实体,则在该文本和实体之间建立一条边。将实体名作为一个完整的单词,并使用基于 Wikipedia 语料库的 Word2Vec 学习实体的向量表示。为了进一步丰富短文本的语义,我们考虑实体之间的关系:如果基于两个实体的嵌入表示计算得到的相似性得分(余弦相似度)高于预定义的阈值 delta,则在它们之间建立一条边。

通过引入主题、实体和关系,我们丰富了短文本的语义信息,从而极大地帮助后续的分类任务。例如,如图 2-1 所示,短文本"the seed of Apple's Innovation:In an era when most technology ..."通过"技术"这个主题与实体"Apple Inc."和"公司"的关系在语义上得到丰富,因此,它可以高置信度地被正确分类为"business"。

**2. HGAT 模型结构**

然后,我们提出 HGAT 模型(如图 2-2 所示),基于包括节点级别和类型级别在内的新型双层注意力机制,得到异质网络中节点的嵌入表示。HGAT 利用异质图卷积来考虑不同种类信息的异质性。此外,双层注意力机制捕获不同相邻节点的重要性(降低噪声信息的权重)以及不同节点(信息)类型对特定节点的重要性。最后,它通过 softmax 层预测文本的类别。

(1) 异质图卷积

本小节介绍 HGAT 中异质图卷积,以实现对不同类型节点的异质性考虑。

图神经网络 GCN[18] 是一种多层神经网络,它直接在同构图上操作,并根据其邻域的属

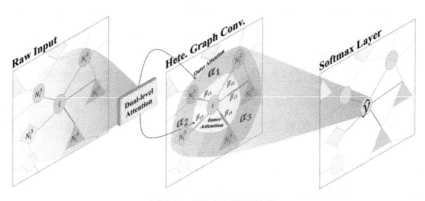

图 2-2　HGAT 模型结构

性诱导融合得到当前节点的嵌入表示。形式化地,考虑图 $\mathcal{G}=(\mathcal{V},\mathcal{E})$,其中 $\mathcal{V}$ 和 $\mathcal{E}$ 分别表示节点和边的集合。令 $X \in \mathbb{R}^{|\mathcal{V}| \times q}$ 是包含节点特征 $x_v \in \mathbb{R}^q$ 的矩阵(每行 $x_v$ 是节点 $v$ 的特征向量)。对于图 $\mathcal{G}$,引入它的包含自连接的邻接矩阵 $A'=A+I$,以及对应的度矩阵 $M$,其中 $M_{ii}=\sum_j A'_{ij}$。从而每层的传播规则如下所示:

$$H^{(l+1)}=\sigma(\widetilde{A} \cdot H^{(l)} \cdot W^{(l)}) \qquad 式(2-1)$$

式中,$\widetilde{A}=M^{-\frac{1}{2}}A'M^{-\frac{1}{2}}$ 表示对称标准化的邻接矩阵。$W^{(l)}$ 是一个按层特定的参数矩阵。$\sigma(\cdot)$ 表示非线性激活函数,例如 ReLU。$H^{(l)} \in \mathbb{R}^{|\mathcal{V}| \times q}$ 表示节点在第 $l^{th}$ 层的隐藏层表示。初始地,$H^{(0)}=X$。

遗憾的是,由于节点存在的异质性,GCN 不能直接应用于短文本异质网络。具体来说,在异质网络中,存在 3 种类型的节点:短文本,主题和实体。对于文 $d \in D$,使用 TF-IDF 向量作为其特征向量 $x_d$。对于主题 $t \in T$,使用在词表上的单词分布用于表示主题 $x_t = \{\theta_i\}_{i=[1,w]}$。对于每个实体,为了充分利用相关的信息,通过拼接其实体嵌入表示和维基百科中实体描述的 TF-IDF 向量来表示实体 $x_v$。

将 GCN 调整到适应于异质网络的一种直接的方法是,针对节点的不同类型 $\mathcal{T}=\{\tau_1,\tau_2,\tau_3\}$,将他们各自的特征空间作直和(即正交地拼接),从而构造一个更大的特征空间。例如,每个节点被表示为一个稀疏特征向量,其中对应于其他类型的无关维度上均置 0。本文将这种将 GCN 适应性改造到异质网络的基本方法命名为 GCN-HIN。然而,由于忽略了不同信息类型的异质性,它的效果并不理想。

为了解决这个问题,本方法提出了异质图卷积,它考虑了各种类型信息的异质性,并利用类型相关的变换矩阵将它们投射到公共的隐式空间中。

$$H^{(l+1)}=\sigma(\sum_{\tau \in \mathcal{T}} \widetilde{A}_\tau \cdot H_\tau^{(l)} \cdot W_\tau^{(l)}) \qquad 式(2-2)$$

式中,$\widetilde{A}_\tau \in \mathbb{R}^{|\mathcal{V}| \times |\mathcal{V}_\tau|}$ 是 $\widetilde{A}$ 的子矩阵,它的行代表全部的节点,列代表类型为 $\tau$ 的邻节点。则节点表示 $H^{(l+1)}$ 是通过使用不同的变换矩阵 $W_\tau^{(l)} \in \mathbb{R}^{q^{(l)} \times q^{(l+1)}}$ 变换后的特征矩阵 $H_\tau^{(l)}$ 来获得的。这些类型相关的变换矩阵考虑了不同特征空间的差异,并将它们投影到某个隐式的公共空间 $\mathbb{R}^{q^{(l+1)}}$。初始化时,$H_\tau^{(0)}=X_\tau$。

(2) 双层注意力机制

通常,给定某特定节点,不同类型的相邻节点可能对其具有不同的影响,例如,相同类型的相邻节点一般会携带更有用的信息,另外,相同类型下的不同邻节点也会具有不同的重要性。为了捕捉节点级别和类型级别的不同重要性,本节介绍双层注意力机制。

(3) 类型级别的注意力机制

给定一个特定节点 $v$,类型级别的注意力机制学习它不同类型邻节点的重要性。具体地,首先定义类型 $\tau$ 的嵌入表示为 $h_\tau = \sum_{v'} \widetilde{A}_{vv'} h_{v'}$,即类型为 $\tau$ 的全部邻节点 $v' \in \mathcal{N}_v$ 的特征之和。然后基于当前节点的特征表示 $h_v$ 和类型的嵌入表示,计算类型级别的注意力得分:

$$a_\tau = \sigma(\boldsymbol{\mu}_\tau^T \cdot [h_v \parallel h_\tau]) \qquad 式(2-3)$$

式中,$\boldsymbol{\mu}_\tau$ 是注意力机制中的参数向量,它根据类型 $\tau$ 使用不同的参数向量,$\parallel$ 表示"拼接"操作,$\sigma(\cdot)$ 表示激活函数,例如 Leaky ReLU。

最后通过 softmax 函数沿着类型归一化注意力得分,可以得到最终的类型级别的注意力权重:

$$\alpha_\tau = \frac{\exp(a_\tau)}{\sum_{\tau' \in \mathcal{T}} \exp(a_{\tau'})} \qquad 式(2-4)$$

(4) 节点级别的注意力机制

本方法设计节点级别的注意力机制,以捕获相同类型下的不同相邻节点的重要性并减少噪声节点的权重。形式化地,给定 $\tau$ 类型的特定节点 $v$ 及其类型为 $\tau'$ 的邻近节点 $v' \in \mathcal{N}_v$,根据节点的嵌入表示 $h_v$ 和 $h_{v'}$ 计算节点 $v'$ 的节点级别的注意力得分 $\alpha_{\tau'}$:

$$b_{vv'} = \sigma(\boldsymbol{v}^T \cdot \alpha_{\tau'}[h_v \parallel h_{v'}]) \qquad 式(2-5)$$

式中,$\boldsymbol{v}$ 是注意力机制中的参数向量。然后使用 softmax 函数归一化注意力得分,得到最终的节点界别的注意力权重:

$$\beta_{vv'} = \frac{\exp(b_{vv'})}{\sum_{i \in \mathcal{N}_v} \exp(b_{vi})} \qquad 式(2-6)$$

最后,将包括类型级和节点级注意力的双层注意力机制纳入异质图卷积中,即利用如下所示的传播规则替换 2.1.4 节中定义的异质图卷积的传播规则:

$$\boldsymbol{H}^{(l+1)} = \sigma\left(\sum_{\tau \in \mathcal{T}} \boldsymbol{\mathcal{B}}_\tau \cdot \boldsymbol{H}_\tau^{(l)} \cdot \boldsymbol{W}_\tau^{(l)}\right) \qquad 式(2-7)$$

式中,$\boldsymbol{\mathcal{B}}_\tau$ 表示注意力矩阵。

(5) 模型训练

在经过 $L$ 层 HGAT 之后,可以获得异质网络中节点(包括短文本)的嵌入表示。然后将短文本的嵌入表示 $\boldsymbol{H}^{(L)}$ 送到 softmax 层进行分类。形式化地,

$$Z = \mathrm{softmax}(\boldsymbol{H}^{(L)}) \qquad 式(2-8)$$

在模型训练中,采用训练集上的交叉熵损失和参数的 L2 范数作为损失函数,即

$$\mathcal{L} = -\sum_{i \in D_{\mathrm{train}}} \sum_{j=1}^{C} \boldsymbol{Y}_{ij} \cdot \log Z_{ij} + \eta \parallel \Theta \parallel_2 \qquad 式(2-9)$$

式中,$C$ 是分类类别的个数,$D_{\mathrm{train}}$ 是作为训练集的短文本集合,$Y$ 是对应的分类指示矩阵,$\Theta$ 是模型参数,$\eta$ 是正则化因子。对于模型优化,使用梯度下降法进行优化模型。

## 2.1.4 实验与分析

**1. 实验设置**

（1）数据集

本章在 6 个基准短文本数据集上进行了大量实验：

AGNews，该数据集采用自文献[35]。从中随机选取了 4 种类别下的共 6000 条新闻。

Snippets，该数据集由文献[30]发布。它由网络搜索引擎返回的搜索快照组成。

Ohsumed，使用了由文献[46]发布的基准书目分类数据集，其中删除了具有多个标签的文档。为了进行短文本分类，仅使用标题进行实验。

TagMyNews，我们使用文献[47]发布的基准分类数据集中的新闻标题进行实验，其中包含来自 Really Simple Syndication(RSS)的英语新闻。

MR[48]，这是一个电影评论数据集，其中每个评论只包含一个句子。每个句子都带有正面或负面的标注，以用作二元情感分类；

Twitter，该数据集由 Python 库 NLTK 提供，也是一个二元情感分类数据集。

对于每个数据集，为每类随机选择 40 个带标注的短文本，其中一半用于训练，另一半用于验证。按照文献[13]中的实验设置，剩下的全部文本都用于测试，这些文档在训练期间也将当做未标注的文本。

按如下方式预处理所有数据集：删除非英文字符，停用词和出现少于 5 次的低频词。表 2-1 所示为数据集的统计数字信息，包括文本数，平均每个文本中的词数、实体数以及类别数。在这些数据集中，大多数文本(大约 80%)都包含了实体。

表 2-1 数据集的统计信息

| 数据集 | 文本数 | 单词数 | 实体数 | 类别数 |
| --- | --- | --- | --- | --- |
| AGNews | 6 000 | 18.4 | 0.9(72%) | 4 |
| Snippets | 12 340 | 14.5 | 4.4(94%) | 8 |
| Ohsumed | 7 400 | 6.8 | 3.1(96%) | 23 |
| TagMyNews | 32 549 | 5.1 | 1.9(86%) | 7 |
| MR | 10 662 | 7.6 | 1.8(76%) | 2 |
| Twitter | 10 000 | 3.5 | 1.1(63%) | 2 |

（2）基线方法

为了全面评估所提出的半监督短文本分类方法，将其与以下 9 种最先进的方法进行比较。

SVM：支持向量机(SVM)分类器，分别使用 TFIDF 特征和 LDA 特征，并且分别记作 SVM+TFIDF 和 SVM+LDA。

CNN：卷积神经网络(CNN)[34]的两种变体：①CNNrand，即使用的词向量为随机初始化的；②CNNpretrain，即词向量是使用基于维基百科语料预训练的。

LSTM：长短期记忆模型（LSTM）[40]使用和不使用预训练的词向量，分别记为 LSTMrand 和 LSTMpretrain。

PTE:一种用于文本数据的半监督表示学习方法[45]。首先基于3个包含单词、文档和标签的异构二分图进行学习单词的嵌入表示,然后计算单词嵌入表示的平均作为文本的嵌入表示,从而进行文本分类。

TextGCN:TextGCN[46]将文本语料建模为包含文档和单词作为节点的图,并应用GCN进行文本分类。

HAN:HAN[49]首先通过预定义的元路径,将异质图转换为几个同类子网络,然后应用图注意力网络来学习嵌入异质图。

为了公平对比,所有上述基线方法,例如SVMs、CNN和LSTM,都引入并使用了实体信息。

(3) 参数设置

根据在验证集上获得最佳结果,选择$K$、$T$和$\delta$的参数值。为了构建短文本异质图,在数据集AGNews、TagMyNews、MR和Twitter中为LDA设置了主题数$K=15$;在Snippets上设置$K=20$,在Ohsumed上设置$K=40$。对于所有数据集,每个文本都被分配给具有最大概率的前$P=2$个主题。实体之间的相似性阈值$\delta$设置为$\delta=0.5$。根据先前的研究工作[25],将模型HGAT和其他神经模型的隐藏维度设置为$d=512$,预训练的单词嵌入表示的维度为100,并将HGAT、GCNHIN和TextGCN的层数$L$设置为2。对于模型训练,学习率为0.005,Dropout为0.8,正则化因子$\eta=5e6$。使用早停法以避免过拟合。

**2. 实验结果与分析**

(1) 短文本分类效果对比实验

表2-2所示为6个基准数据集上不同方法的分类准确率。可以看到,此方法明显优于所有对比方法,这表明了该方法在半监督短文本分类问题上的有效性。传统的SVM方法基于人为设计的特征,比随机初始化词向量的深度模型实现了更好的分类性能,即大多数情况下的CNNrand和LSTMrand。而使用预训练词向量的CNNpretrain和LSTMpretrain有了显著的提升并且超过了SVM。基于图的PTE模型,与CNNpretrain和LSTMpretrain相比,效果较差。原因可能是PTE是基于词共现信息来学习文本嵌入,然而在短文本分类中,词共现信息是极度稀疏的。基于图神经网络的模型TextGCN和HAN与深度模型CNNpretrain和LSTMpretrain相比,则达到了可比的结果。模型HGAT始终超过所有最先进的模型,并拉开了较大差距,这表明了提出的方法的有效性。原因概括如下:①设计提出了一个灵活易扩展的异质图框架,用于对短文本进行建模,可以引入任意类型的外部信息以丰富语义;②提出了一种新的模型HGAT,它基于一种新颖的双层注意力机制,学得异质图的嵌入表示,以用于短文本分类。其中注意力机制不仅可以捕获不同相邻节点的重要性(并减少噪声信息的权重),而且可以捕获不同节点类型的重要性。

表2-2 测试集分类准确率(%)。在6个标准数据集上不同模型的测试准确率。次好的结果用下划线表示。符号 * 表示模型在t检验中明显优于其他对比方法($p<0.01$)。

| 数据集 | SVM +TFIDF | SVM +LDA | CNN -rand | CNN -pretrain | LSTM -rand | LSTM -pretrain | PTE | TextGCN | HAN | HGAT |
|---|---|---|---|---|---|---|---|---|---|---|
| AGNews | 57.73 | 65.16 | 32.65 | 67.24 | 31.24 | 66.28 | 36.00 | 67.61 | 62.64 | **72.10*** |
| Snippets | 63.85 | 63.91 | 43.34 | 77.09 | 26.38 | 75.89 | 63.10 | 77.82 | 58.38 | **82.36*** |

续表

| 数据集 | SVM+TFIDF | SVM+LDA | CNN-rand | CNN-pretrain | LSTM-rand | LSTM-pretrain | PTE | TextGCN | HAN | HGAT |
|---|---|---|---|---|---|---|---|---|---|---|
| Ohsumed | 41.47 | 31.26 | 35.25 | 32.92 | 19.87 | 28.70 | 36.63 | 41.56 | 36.97 | **42.68*** |
| TagMyNews | 42.90 | 21.88 | 28.76 | 57.12 | 25.52 | 57.32 | 40.32 | 54.28 | 42.18 | **61.72*** |
| MR | 56.67 | 54.69 | 54.85 | 58.32 | 52.62 | 60.89 | 54.74 | 59.12 | 57.11 | **62.75*** |
| Twitter | 54.39 | 50.42 | 52.58 | 56.34 | 54.80 | 60.28 | 54.24 | 60.15 | 53.75 | **63.21*** |

（2）变种实验

本节将模型 HGAT 与它一些变体进行比较，以验证模型每个模块的有效性。如表 2-3 所示，模型 HGAT 将与 4 种变体进行比较：

GCN-HIN，通过拼接不同类型信息的特征空间，直接将 GCN 应用于所构造短文本异质图。它没有显式的考虑各种信息类型的异质性。HGAT w/o ATT 则通过前述的异质图卷积来考虑信息的异质性，该卷积利用不同的变换矩阵将不同类型的信息投射到隐式的公共空间。HGAT_Type 和 HGAT_Node 则在此基础上分别仅考虑类型级注意力机制和节点级注意力机制。

可以从表 2-3 中看到，HGAT w/o ATT 在所有数据集上始终优于 GCNHIN，证明了所提出的异质图卷积的有效性，因为它考虑了各种信息类型的异质性。HGAT_Type 和 HGAT_Node 通过捕获不同信息的重要性（减少噪声信息的权重）进一步改进了 HGAT w/o ATT。而 HGAT_Node 显示了比 HGAT_Type 更好的性能，表明节点级别的注意力更为重要。最后，通过考虑异质性并同时应用包括节点级和类型级的双层注意力机制，HGAT 达到了明显优于所有变体的效果。

表 2-3 模型变种的分类准确率

| 数据集 | GCN-HIN | HGAT w/o ATT | HGAT-Type | HGAT-Node | HGAT |
|---|---|---|---|---|---|
| AGNews | 70.87 | 70.97 | 71.54 | 71.76 | **72.10*** |
| Snippets | 76.69 | 80.42 | 81.68 | 81.93 | **82.36*** |
| Ohsumed | 40.25 | 41.31 | 41.95 | 42.17 | **42.68*** |
| TagMyNews | 56.33 | 59.41 | 60.78 | 61.29 | **61.72*** |
| MR | 60.81 | 62.13 | 62.27 | 62.31 | **62.75*** |
| Twitter | 61.59 | 62.35 | 62.95 | 62.45 | **63.21*** |

（3）带标注文本数量的影响

我们选择了 6 种具有最佳性能的代表性方法：SVM+LDA、CNN-pretrain、LSM-pretrain、GCN-HIN、TextGCN 和 HGAT，以研究带标注文本数量对测试准确率的影响。具体来说，改变每个类别的标注数据的数量，并比较它们在 AGNews 数据集上的表现。每种方法都测试 10 次并报告平均性能，以减少偶然性。如图 2-3 所示，随着标注数据的增加，所有方法在准确性方面都取得了更好的结果。大体上，基于图的方法 GCN-HIN、TextGCN 和 HGAT 实现了更好的性能，表明基于图的方法可以通过信息传播更好地利用有限的标注数据。而我们的方法始终优于所有其他方法，尤其当提供较少的标注文本时，基线方法表现出明显的性能下降,而我们的模型仍然实现了相对较高的性能。它表明我们的方法可以更有效地利用有限的标注数据进行短文本分类。我们认为这是因为我们的方法受益于灵活易扩展的 HIN 框架和我们提出的基于双重注意力机制的异质图注意力网络。

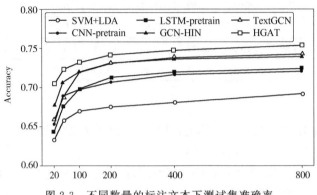

图 2-3　不同数量的标注文本下测试集准确率

(4) 参数分析

图 2-4(a)和(b)所示为 HGAT 模型在 AGNews 数据集上,当选取不同的主题数和选取最相关主题数时的测试准确率。可以清楚地看到,对于主题的数量,准确率首先随着主题数量的增加而增加,当数量到 15 时准确率达到最高值;当数量大于 15 时,准确率下降。对于分配给文档的最相关主题数 $P$,准确率首先随着 $P$ 的增加而增加,然后在 $P$ 大于 2 时减少。

在实验中,这两个参数是根据每个数据集的验证集来设置的。

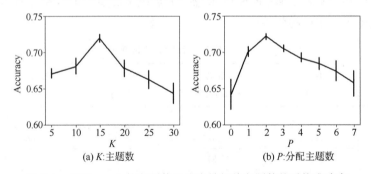

图 2-4　AGNews 上的主题数和选取最相关主题数的平均准确率

(5) 案例分析

如图 2-5 所示,以 AGNews 中的一个短文本为例(它被正确分类为体育类)来说明 HGAT 的双重注意力机制。类型级别的注意力为短文本本身赋予了高权重(0.7),而对实体和主题分配了较低权重(0.2 和 0.1),这意味着文本本身的特征对实体和主题的分类贡献更多。节点级注意力为相邻节点分配了不同的权重,其中属于同一类型节点的节点级权重总和为 1。如图 2-5 所示,实体 $e_3$(Atlanta Braves,棒球队)、$e_4$(Dodger Stadium,棒球馆)、$e_1$(Shawn Green,棒球运动员)的权重高于 $e_2$(洛杉矶,大多数时候指城市)。主题 $t_1$(game)和 $t_2$(win)对于将文本分类为体育类具有几乎相同的重要性。案例研究表明,我们提出的双层注意力机制可以捕获多种粒度的关键信息,并减少噪声信息的权重,从而实现更好的分类效果。

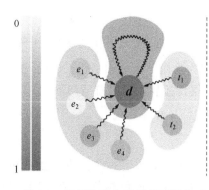

图 2-5 双层注意力机制的可视化,包括节点级注意力(以红色显示)和类型级注意力(以蓝色显示),每个主题 $t$ 由具有最高概率的前 10 个单词表示

## 2.2 HGAT 的改进

2.1 节介绍了基于异质图神经网络的半监督短文本分类方法 HGAT。HGAT 的短文本建模框架可以引入整合任何额外的辅助信息并捕获它们丰富的关系,以解决短文本的语义稀疏性问题,并通过设计双层注意力机制学习具有异质性的多种粒度的关键信息,并减少噪声信息的权重。但是,HGAT 的模型框架仍然存在如下局限性。

(1) 在实际应用中,每天都会产生大量的文本数据。对于原始的 HGAT 模型,当要对一个新到来的短文本进行分类时,需要构建一个涉及新文本的新 HIN,并重新训练模型,以预测新文本的标签(这一过程被称为"直推式学习")。在实际应用中这种方式时间效率过低。

(2) 在实际应用中,短文本可能存在复数数量的标签,例如,一条新闻可以对应多个主题,如政治、经济、外交。原始的 HGAT 模型无法适应多标签学习的场景。

因此,本节介绍了一种 HGAT 模型的改进方法。为了预测在此前构建的 HIN 中不存在的新文本的标签,本节提出了一种新的 HGAT 归纳学习方法,避免在不断扩展的 HIN 上重新训练模型,并有效地处理新的文本。此外,通过优化采样策略以降低时间复杂度。考虑到实际应用中多标签分类的需求,对原始 HGAT 进行了扩展,引入了适用于多标签分类的新的目标函数。为了展示所提改进方法的性能,我们扩充了数据集和基线方法,并改进实验设定,进行了验证 HGAT 归纳学习有效性的实验和多标签分类的对比实验。

为避免歧义,本章将直推式学习下的 HGAT 仍称为"HGAT",将归纳式学习的 HGAT 命名为"HGAT-inductive"。

### 2.2.1 HGAT 的改进模型

**1. HGAT 的过拟合缓解**

由于半监督短文本分类中信息不足,注意力机制容易出现过拟合现象。考虑到节点重要性的先验知识可以指导注意力机制,我们在原始图卷积矩阵 $\widetilde{A}_\tau$ 和双层注意力矩阵 $B_\tau$ 之间进行一种权衡,通过超参数 $\lambda$ 来减轻过拟合。

$$f(\widetilde{\pmb{A}}_\tau,\pmb{\mathcal{B}}_\tau;\lambda)=(1-\lambda)\cdot\widetilde{\pmb{A}}_\tau+\lambda\cdot\mathrm{diag}(\widetilde{\pmb{A}}_\tau\cdot\pmb{1})\cdot\pmb{\mathcal{B}}_\tau \qquad 式(2\text{-}10)$$

式中，1 表示所有元素均为 1 的向量。请注意，由于 softmax 归一化的缘故，矩阵 $\pmb{\mathcal{B}}$ 的每一行之和等于 1，而矩阵 $\widetilde{\pmb{A}}$ 的每一行之和不等于 1，因为采用了对称归一化。因此，使用 $\mathrm{diag}(\widetilde{\pmb{A}}_\tau\cdot\pmb{1})$ 来进行更好地融合。最后，异质图卷积的逐层传播规则可以总结如下：

$$\pmb{H}^{(l+1)}=\sigma\Big(\sum_{\tau\in\mathcal{T}}f(\widetilde{\pmb{A}}_\tau,\pmb{\mathcal{B}}_\tau;\lambda)\cdot\pmb{H}_\tau^{(l)}\cdot\pmb{W}_\tau^{(l)}\Big) \qquad 式(2\text{-}11)$$

**2. 孤立类别**

在原始的 HGAT 模型中，模型的输出对应于短文本属于每个文本类别的概率。受文献[50]和文献[51]的启发，额外的"孤立"类别可以捕获与图像相关的"背景"信息或与特定类别无关的"停用词"，有助于提高分类准确性。因此，为了进一步改进短文本分类模型的性能，引入了两个"孤立"类别来匹配 HIN 中的非文本类别，包括"实体"和"主题"。它们可以被视为短文本 HIN 的"背景"信息，从而帮助 HGAT 更好地嵌入 HIN，并减少 HIN 中非文本类别所引起的分类干扰。例如，如图 2-6 所示，短文本"the seed of Apple's Innovation：In an era when most technology…"通过实体"Apple Inc."得到了语义丰富。如果没有针对实体的孤立类别，那么模型可能会尝试将实体节点"Apple Inc."分类为与相邻文本相同的"商业"类别。然而，"Apple Inc."也连接到了类别为"娱乐"的短文本"iPod Rivals Square Off Against Apple (Reuters). The next wave of iPod competitors is coming"。这种现象增加了数据拟合的难度。如果为实体设置了一个孤立类别，那么模型可能会尝试将"Apple Inc."分类为这个孤立类别，即"实体"。

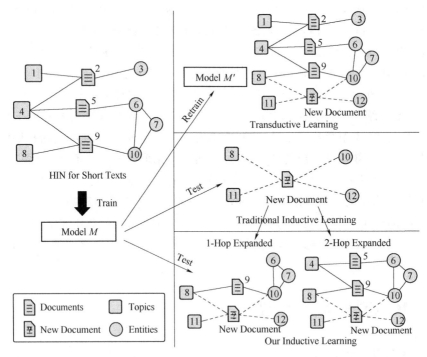

图 2-6　直推式学习、传统的归纳式学习和 HGAT-inductive 的归纳式学习的对比

**3. 归纳学习**

在实际应用中，每天都会产生大量的文本数据。如图 2-6 所示，在对新的短文本进行分

类时,对于原始 HGAT 模型,我们需要构建一个涉及新文本的新 HIN,并以一种直推学习的方式重新训练模型以预测新文本的标签。由于时间效率的问题,这在实际应用中是不可行的。因此,扩展后的 HGAT 模型,采用归纳学习的方式,可以高效地处理新到来的文本。如图 2-6 所示,传统的归纳方法通过仅对新到来的文本构建的图应用训练好的模型来处理新到来的文本。这在提高效率的同时,牺牲了一小部分性能。

新的归纳学习方法可以充分利用新到来的文本,现有的标记和未标记数据,更好地处理半监督短文本分类中的信息不足。具体而言,我们首先为新到来的文本构建一个归纳图,该图通过现有的标记和未标记数据进行扩展。形式上,给定现有短文本的 HIN 图 $\mathcal{G}=(\mathcal{V},\mathcal{E})$ 和一组新到来的文本 $D_{\text{new}}$,我们首先按照 2.1.3 节描述的过程构建新到来文本 $D_{\text{new}}$ 的新 HIN 图 $\mathcal{G}_{\text{new}}=(\mathcal{V}_{\text{new}},\mathcal{E}_{\text{new}})$。随后,如图 2-6 所示,我们可以通过将现有 HIN 图 $\mathcal{G}$ 中的邻居与新文本图 $\mathcal{G}_{\text{new}}$ 在一跳或两跳内进行扩展,构建一个一跳或两跳扩展的归纳图 $\mathcal{G}'=(\mathcal{V}',\mathcal{E}')$。

此外,在实际应用中,边的数量可能达到十亿级,例如 Twitter、FaceBook 等。因此实践中,不必聚合所有邻节点以获得最优性能。如果能够大幅减少时间消耗,次优性能也是可以接受的。因此,应用高效的邻居采样策略非常重要。不带采样策略的时间复杂度是 $O(\#\text{New}*\#\text{Degree}^{\#\text{Hop}})$,而带有采样策略的时间复杂度是 $(\#\text{New}*\#\text{Sample}^{\#\text{Hop}})$,其中 $\#\text{New}$、$\#\text{Degree}$、$\#\text{Hop}$ 和 $\#\text{Sample}$ 分别表示新到来的文本数量、平均节点度、跳数和采样邻居数量。一种简单的方法是在所有邻居中使用均匀随机采样,但是一些相关性较低的节点可能带来噪声并损害性能。另一个直接的解决方案是直接选择一些相关度更高的邻居节点,其中相关性可以由注意机制来衡量。然而,高相关性通常意味着彼此的信息高度重叠,从而限制了对补充附加信息的访问。因此,加权随机采样更为适合,因为它在上述问题之间进行权衡,既能确保引入一些补充信息,又能确保不引入过多的噪声。我们可以利用双级注意机制来计算每个邻居节点的权重。详细的扩展过程如算法 2-1 所示。最后,我们将训练好的 HGAT 模型应用于归纳图,以预测新到来文本的标签。

算法 2-1 归纳图构建流程

**ALGORITHM 1**: Construction of the Expanded Inductive Graph

**Input**: New coming texts $D_{\text{new}}$, HIN for existing short texts $\mathcal{G}=\{\mathcal{V},\mathcal{E}\}$, hops $H$

**Output**: $H$-hop expanded inductive graph $\mathcal{G}'=\{\mathcal{V}',\mathcal{E}'\}$

1: Construct a new HIN $\mathcal{G}_{\text{new}}=\{\mathcal{V}_{\text{new}},\mathcal{E}_{\text{new}}\}$ for $D_{\text{new}}$ following the process described in Section 2.2.3.1

2: Cross nodes $\mathcal{N}_{\text{cross}} \leftarrow \mathcal{V} \cap \mathcal{V}_{\text{new}}$

3: Queue $q$, Involved node set $v$

4: $q.\text{push}(\mathcal{N}_{\text{cross}})$, $v.\text{add}(\mathcal{N}_{\text{cross}})$

5: **for** $i=1$ to $H$ **do**

6:     Queue $p$

7:     **while** not $q.\text{empty}()$ **do**

8:         $n_1 \leftarrow q.\text{pop}()$

9:         for $(n_1,n_2) \in \mathcal{E}$ **do**

10:             **if** $n_2 \notin \mathcal{V}$ **and** $n_2$ is sampled **then**

11:                 $\mathcal{V}.\text{add}(n_2)$, $p.\text{push}(n_2)$

| | |
|---|---|
| 12: | end if |
| 13: | end for |
| 14: | end while |
| 15: | $q \leftarrow p$ |
| 16: | end for |
| 17: | Involved Edge Set |
| | $e \leftarrow \{(n_1, n_2) \mid (n_1, n_2) \in \mathcal{E} \text{ and } n_1, n_2 \in \mathcal{V}\}$ |
| 18: | $\mathcal{G}' \leftarrow \{\mathcal{V}_{\text{new}} \cup v, \mathcal{E}_{\text{new}} \cup e\}$ |
| 19: | return $\mathcal{G}'$ |

**4. 模型训练**

经过 L 层 HGAT 的处理后，我们可以得到 HIN 中节点的嵌入[包括短文本嵌入 $H^{(L)}$]。对于单标签分类问题，节点嵌入将被输入到一个 softmax 层进行分类，而对于多标签分类问题，节点嵌入将被输入到一个 sigmoid 层。数学形式上：

$$Z_{\text{single}} = \text{softmax}(H^{(L)}) \qquad \text{式}(2\text{-}12)$$

$$Z_{\text{multi}} = \text{sigmoid}(H^{(L)}) \qquad \text{式}(2\text{-}13)$$

在模型训练过程中，对于单标签分类问题，我们使用交叉熵损失和 L2 范数进行训练数据的优化，而对于多标签分类问题，我们使用单独的边界损失[50,51]。边界损失允许对每个类别进行独立训练，并确保训练不过度关注那些高度自信地正确预测的样本，从而减轻过拟合现象。形式上：

$$\mathcal{L}_{\text{single}} = -\sum_{i \in D_{\text{train}}} \sum_{j=1}^{C} Y_{ij} \cdot \log Z_{ij} + \eta \| \Theta \|_2 \qquad \text{式}(2\text{-}14)$$

$$\mathcal{L}_{\text{mulit}} = -\sum_{i \in D_{\text{train}}} \sum_{j=1}^{C} Y_{ij} \cdot \max(0, m^+ - Z_{ij})^2 + (1 - Y_{ij}) \cdot \max(0, Z_{ij} - m^-)^2 + \eta \| \Theta \|_2$$

$$\text{式}(2\text{-}15)$$

式中，$D_{\text{train}}$ 是训练集中的短文本索引集合，$Y$ 是相应的标签矩阵，$\Theta$ 是模型参数，$\eta$ 是正则化因子。$m^+ = 0.9$ 和 $m^- = 0.1$ 可以避免分类器过度自信的问题[51]。在模型优化方面，我们采用梯度下降算法。

## 2.2.2 实验与分析

**1. 实验设定**

相比于 2.1.5 节中对原始 HGAT 的实验，本节添加了新的数据集和基线方法，以展示模型在归纳学习和多标签分类场景下的模型性能。

（1）数据集和实验设定

在 2.1.4 节提及的 6 个数据集的基础上，本节添加了 Ohsumed-multi 数据集，使用了完整的 Ohsumed 标准数据集进行多标签分类。它是由 7 400 个单标签样本和 6 529 个多标签样本组成的。仅使用标题进行短文本分类，将其分类为 23 个心血管疾病类别。所有数据集的统计数据如表 2-4 所示。

表 2-4 数据集的统计信息

| 数据集 | # docs | # tokens | # entities | docs with entities/(%) | # categories |
| --- | --- | --- | --- | --- | --- |
| AGNews | 6 000 | 18.4 | 0.9 | 72% | 4 |
| Snippets | 12 340 | 14.5 | 4.4 | 94% | 8 |
| Ohsumed | 7 400 | 6.8 | 3.1 | 96% | 23 |
| TagMyNews | 32 549 | 5.1 | 1.9 | 86% | 7 |
| MR | 10 662 | 7.6 | 1.8 | 76% | 2 |
| Twitter | 10 000 | 3.5 | 1.1 | 63% | 2 |
| Ohsumed-multi | 13 929 | 7.2 | 1.4 | 100% | 23 |

对于每个数据集,我们随机选择每个类别 40 个有标签文档,一半用于训练,另一半用于验证。对于归纳学习,除了有标签文档外,我们随机选择了 1 000 个无标签文档,这些文档也包含在 HIN 中用于模型训练,并将剩余的文档视为新到来的文本。我们在这些新到来的文本上测试模型在归纳学习场景的性能。数据预处理方式与 2.1.4 节相同。

(2) 基线方法

在 2.1.4 节提及的基线方法的基础上,我们添加了 BERT、GAT-HIN 和 GraphSAGE 等先进算法。

① BERT:BERT[52]使用了一个多层双向 Transformer 编码器,并通过使用掩码语言模型进行训练,在多个任务上实现了最先进的性能。我们使用了原始的 BERT-base 模型都经过了微调。

② GAT-HIN:GAT[53]将注意机制引入图卷积网络中,以捕捉节点的重要性。由于 GAT 同样基于同质图,我们同样调整了 GAT 以适应 HIN,即 GAT-HIN。注意机制使其能够进行归纳学习。

③ GraphSAGE:GraphSAGE[17]可以被视为归纳学习中同质图卷积的随机推广。有 4 种常见的变体:GraphSAGE-GCN 将图卷积网络扩展到归纳设置;GraphSAGE-mean 采用特征向量的逐元素平均值;GraphSAGE-LSTM 通过将邻域特征输入到 LSTM 来进行聚合;GraphSAGE-pool 通过共享的 MLP 对特征向量进行变换,然后采用逐元素最大池化。

(3) 参数设定

我们选择了在验证集上达到最佳结果的参数值 $K$、$T$ 和 $\delta$。为了构建短文本的 HIN,我们在 AGNews、TagMyNews、MR 和 Twitter 数据集上将 LDA 的主题数 $K$ 设置为 15。对于 Snippets 数据集,我们将 $K$ 设置为 20,对于 Ohsumed 数据集,我们将 $K$ 设置为 40。对于所有数据集,每个文档被分配给具有最大概率的前 $P=2$ 个主题。实体之间的相似性阈值 $\delta$ 设置为 0.5。

我们将模型 HGAT 和其他神经模型(Doc2Vec,LDA,CNN,LSTM,PTE,TexgGCN,HAN,GraphSAGE)的隐藏维度设置为 $d=512$,预训练词嵌入的维度设置为 100(CNN,LSTM)。我们将图神经网络的层数设置为 2。融合超参数 $\lambda$ 也是根据验证集的结果选择的:我们将 $\lambda$ 设置为 0.1 用于 AGNews、Snippets 和 Twitter,$\lambda$ 设置为 0.2 用于 TagMyNews

和 MR，λ 设置为 0.4 用于 Ohsumed。对于模型训练，我们将学习率设置为 0.005，丢弃率设置为 0.8，正则化因子 $\eta$ 设置为 5e-8。应用早停止来避免过拟合。

**2. 实验结论与分析**

（1）归纳学习对比实验

对于归纳学习，表 2-5 所示为不同方法在 6 个基准数据集上的分类准确率和 F1 分数。HGAT-inductive-0 代表使用传统归纳设置的 HGAT。HGAT-inductive-1 和 HGAT-inductive-2 分别表示基于我们提出的一跳和二跳扩展归纳图进行归纳学习的 HGAT。请注意，所有基线模型都在与 HGAT-inductive-2 相同的归纳图上运行，因为二跳扩展归纳图更具信息量。从表 2-5 中，我们得出以下观察结果。第一，HGAT-inductive-1 和 HGAT-inductive-2 在很大程度上优于所有基线模型，验证了我们提出的 HGAT 在归纳学习中的有效性。第二，HGAT-inductive-1 远远优于 HGAT-inductive-0，确认了在半监督短文本分类中针对新来文本的扩展归纳图的必要性。第三，HGAT-inductive-2 在大多数情况下取得了最佳性能，这表明随着跳数的增加，引入更多信息，从而获得更好的性能。然而，如果跳数过大（例如 TagMyNews 和 Twitter），会引入一些不相关的信息，可能带来噪声。关于扩展归纳图中跳数的影响的更详细分析将在 2.2.6 节中进行。

表 2-5　归纳学习：不同模型在 6 个标准数据集上的准确率和 F1-Score。其中 * 表示我们的模型相较于基线模型有显著提升（基于 $t$-检验，$p < 0.05$）

| Dataset | Metrics | AGNews | Snippets | Ohsumed | TagMyNews | MR | Twitter |
|---|---|---|---|---|---|---|---|
| GraphSAGE-GCN | Accuracy | 63.92 | 62.94 | 29.43 | 48.15 | 58.64 | 57.72 |
|  | F1-score | 62.46 | 60.75 | 11.39 | 41.88 | 58.47 | 57.60 |
| GraphSAGE-pool | Accuracy | 63.75 | 65.93 | 31.93 | 48.34 | 58.59 | 60.43 |
|  | F1-score | 62.39 | 64.43 | 17.38 | 37.06 | 58.38 | 59.13 |
| GraphSAGE-mean | Accuracy | 63.33 | 65.40 | 31.24 | 50.25 | 57.88 | 59.33 |
|  | F1-score | 62.13 | 64.41 | 15.79 | 43.01 | 57.63 | 58.11 |
| GraphSAGE-LSTM | Accuracy | 56.19 | 63.47 | 35.23 | 39.89 | 55.03 | 54.42 |
|  | F1-score | 55.15 | 61.59 | 22.67 | 33.54 | 54.31 | 49.78 |
| GAT-HIN-inductive | Accuracy | 69.55 | 70.14 | 37.77 | 53.21 | 58.97 | 59.60 |
|  | F1-score | 68.03 | 68.87 | 24.66 | 44.46 | 58.83 | 58.98 |
| HAN-inductive | Accuracy | 61.58 | 56.83 | 35.12 | 40.84 | 55.51 | 53.27 |
|  | F1-score | 61.04 | 54.01 | 25.03 | 33.55 | 54.91 | 52.78 |
| HGAT-inductive-0 | Accuracy | 61.85 | 62.82 | 39.58 | 37.19 | 56.26 | 52.67 |
|  | F1-score | 61.23 | 57.11 | 23.94 | 27.16 | 50.73 | 50.15 |
| HGAT-inductive-1 | Accuracy | 69.03* | 79.00* | 40.90* | **58.20*** | 59.80* | **62.60*** |
|  | F1-score | 67.64* | 72.12* | 24.37* | **49.55*** | 59.31* | **60.47*** |
| HGAT-inductive-2 | Accuracy | **70.23*** | **79.40*** | **42.08*** | 57.83* | **61.18*** | 61.69* |
|  | F1-score | **68.43*** | **77.69*** | **25.71*** | 46.80* | **59.77*** | 60.01* |

(2)跳数对归纳图的影响

我们深入研究了扩展归纳图跳数的影响。图 2-7 所示为在 6 个单标签分类数据集上的性能。我们可以看到,当跳数为 0 时,HGAT-inductive-0(即没有跳跃)获得了最差的性能。当跳数增加到 1 时,性能显著提升,这是因为利用了现有的标记和未标记短文本的信息,而不仅仅是新来文本的信息。此外,随着跳数的增加,准确率和 F1-Score 首先上升,当跳数为 1 或 2 时达到最优值,然后趋于稳定或下降。原因是在开始阶段,我们的模型从现有数据额外信息中受益。然而,当跳数过大时,可能会引入一些噪声。

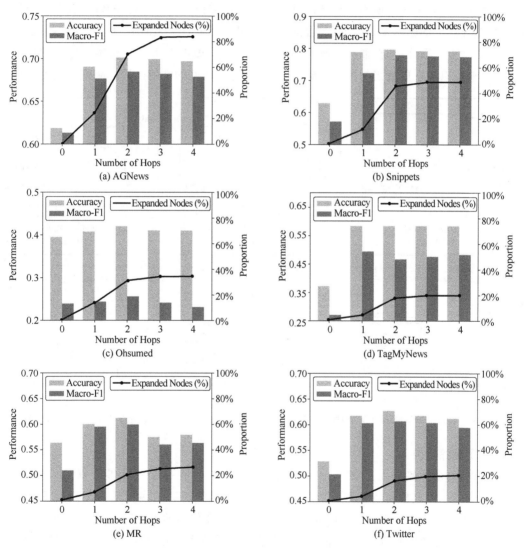

图 2-7 不同归纳图扩展跳数下的测试准确率(Accuracy,蓝)和 F1-Score(红),红色折线表示扩展后的节点数量占整体的比例

(3)采样策略的影响

本节对 6 个数据集进行了一系列实验,评估了 3 种常见抽样策略(与不进行抽样相比)和抽样邻居数量对结果的影响。具体而言,如图 2-8 所示,我们将样本数量从 1 变化到 20。

其中,随机抽样、TopK 修剪和加权随机抽样分别代表均匀随机抽样、TopK 修剪和加权随机抽样策略。None 表示没有应用抽样策略。

如图 2-8 所示,随着抽样邻居数量的增加,所有抽样策略在所有数据集上的性能都持续提升,这是因为邻居节点提供了更多的信息。与没有抽样相比,综合了邻居节点信息的效果有明显下降,这是因为抽样导致的信息损失。然而需要注意的是,应用抽样策略将极大地提高效率,这更适用于实际应用。与 TopK 相比,在大多数情况下,随机抽样的性能更好。这证明了 2.2.3 节中提到的假设,即 TopK 修剪选择最相似的邻居(即具有最大注意力得分的邻居)将会丢失一些相关但不相似的信息。与加权抽样相比,随机抽样的性能较差。我们分析认为这种现象的原因是相似的:尽管随机抽样包含了更多相关但不相似的信息,但也引入了太多的噪声。因此,加权抽样在噪声和有效信息之间做出权衡可以获得更好的结果。因此,在未来可以探索更适当的抽样策略,以在确保尽可能好的性能的同时降低复杂度。

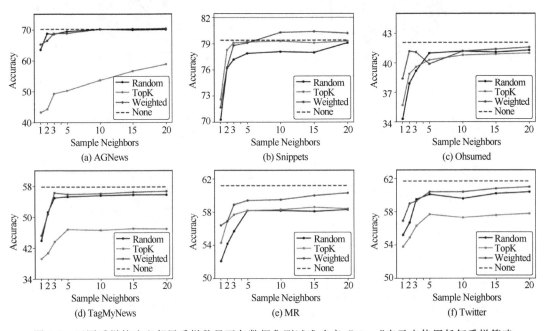

图 2-8　不同采样策略和邻居采样数量下各数据集测试准确率,"None"表示未使用任何采样策略

(4)多标签分类

本节针对多标签分类扩展了 HGAT 和基线模型,并在一个多标签数据集 Ohsumed-multi 上研究了这些模型的性能。为了公平比较,我们为所有的多标签分类模型采用了相同的边界损失。表 2-6 所示为我们的模型和基线模型在传递学习和归纳学习中的结果。如表 2-6 所示,我们的 HGAT 在传递学习和归纳学习设置下都远远优于所有的基线模型,验证了 HGAT 在多标签分类中的有效性。我们还发现 TextGCN 在多标签分类上表现非常糟糕。这可能有以下两个原因:首先,TextGCN 中的节点没有特征,只有独热向量;其次,边非常密集,特别是文档和单词之间的边。这使得 TextGCN 很容易为文档预测更多的类别。低精确率和极高召回率也验证了这个推测。我们的方法基于整合了额外的主题和实体信息的 HIN,能够更好地区分不同类别之间的差异。因此,我们的模型在多标签分类上获得了卓越的性能。

表 2-6　多标签分类：不同模型在 Ohsumed-multi 上的表现，其中 * 表示我们的模型相较于基线模型有显著提升（基于 t-检验，$p<0.01$）

| Metrics | ER | Micro-P | Micro-R | Micro-F1 | Macro-P | Macro-R | Macro-F1 |
|---|---|---|---|---|---|---|---|
| CNN-pretrain | 18.38 | 48.13 | 44.91 | 46.46 | 37.54 | 31.47 | 33.29 |
| LSTM-pretrain | 12.22 | 42.28 | 49.39 | 45.56 | 30.13 | 27.99 | 25.21 |
| BERT | 22.15 | 53.83 | 45.95 | 49.57 | 44.21 | 32.20 | 35.71 |
| TextGCN | 10.09 | 28.74 | **82.69** | 42.65 | 21.65 | **86.18** | 30.60 |
| HAN-transductive | 15.67 | 33.91 | 39.52 | 36.50 | 23.73 | 30.28 | 24.39 |
| HGAT-transductive | 24.34* | 54.58* | 46.46 | 50.19* | 49.98* | 37.73 | 42.41* |
| GraphSAGE-GCN | 19.04 | 47.49 | 29.29 | 36.23 | 48.99 | 15.88 | 19.53 |
| GraphSAGE-pool | 22.13 | 49.81 | 42.82 | 46.04 | 47.30 | 30.48 | 34.58 |
| GraphSAGE-mean | 22.15 | 50.32 | 41.83 | 45.68 | 57.20 | 28.27 | 34.10 |
| GraphSAGE-LSTM | 21.16 | 50.72 | 39.92 | 44.67 | 48.92 | 28.92 | 34.05 |
| HAN-inductive | 16.21 | 31.56 | 38.97 | 34.88 | 22.85 | 31.79 | 24.16 |
| HGAT-inductive | 23.90* | 55.25* | 46.41* | 50.44* | 51.93 | 38.68* | 43.67* |

## 2.3　本章小结

近年来，基于异质图的文本挖掘已经成为一个非常热门的研究和工业应用方向。考虑到异质图在集成额外辅助信息和对象之间的关系进行建模的强大能力，异质图已经被广泛探索以缓解在许多任务和应用中都相对普遍的数据稀疏问题。因此，异质图的构建方法和对应的异质图表示方法逐渐引起了文本挖掘领域更多研究人员的关注。在本章中，我们介绍了基于异质图的半监督短文本分类模型 HGAT 及其变体 HGAT-inductive。HGAT 包括一个灵活的 HIN 框架来建模短文本，它可以集成任何附加信息并捕捉其丰富的关系，以解决短文本的语义稀疏性。HGAT 的图神经网络通过包括节点级和类型级注意机制的双层注意力机制来学习 HIN 表示，通过将各种信息类型投影到一个隐含的公共空间中来考虑其异质性。双层注意力在多个粒度级别上捕捉关键信息，并降低噪声信息的权重。HGAT-inductive 通过归纳学习策略兼容此前不存于 HIN 的新文本分类，并兼容多标签学习。实验结果表明，HGAT 在基准数据集上始终显著优于最先进的方法，进一步证明使用异质图方式进行文本信息挖掘的有效性。

未来，我们可以考虑使用异质图建模来探索更多其他的自然语言处理任务，例如问答、生成等。此外，将图结构的外部知识（例如知识图谱）整合到其他自然语言处理任务中以寻求进一步的效果提升也是一个非常有价值的研究方向。

# 第 3 章

# 基于图的虚假新闻检测

当前,检测新闻文件的真实性或虚假性已变得急迫而重要,以验证新闻内容的可信度。大多数现有方法主要依赖新闻内容的语言和语义特征,而不能有效地利用外部知识来确定新闻文件的可信度。本章提出了一种全新的端到端图神经网络——CompareNet,旨在通过与知识库(KB)中的实体进行对比来检测虚假新闻。鉴于虚假新闻检测与主题相关,我们将主题结合到新闻表示中以增强其丰富性。具体而言,我们首先构建了一个包含主题和实体的有向异构文档图,用于每篇新闻。基于此图,我们设计了一种异构图注意力网络,用于学习主题丰富的新闻表示,并编码新闻内容语义的上下文实体表示。随后,通过精心设计的实体比较网络,将上下文实体表示与基于 KB 的相应实体表示进行对比,以捕捉新闻内容与 KB 之间的一致性。最后,将结合了实体比较特征的主题丰富新闻表示输入到虚假新闻分类器中。在两个基准数据集上的实验结果显示,CompareNet 明显优于当前最先进的方法。

## 3.1 引 言

在数字化时代,信息传播变得前所未有的便捷,然而,与此同时,虚假新闻也像一种瘟疫般肆虐,带来了严重的社会问题。虚假新闻的危害不容小觑,它不仅破坏了公共信息的可信度、引发信任危机,也严重影响了稳定的社会秩序和民主制度的正常运行[54]。

举例来说,2016 年美国总统选举期间,大量虚假新闻在社交媒体上疯传,其中最为知名的一条是教皇方济各(Pope Francis)支持候选人唐纳德·特朗普(Donald Trump)的传闻,如图 3-1 所示,在 Facebook 上被转发近 100 万次,浏览量可达数千万之多。就是这样一条引发舆论热潮,被大量用户广泛传播的消息,后来被证实其实是虚假新闻。这样的虚假信息不仅引发了公众的混淆和恐慌,还可能影响选民的选择,最终影响选举结果的公正性。类似的情况在世界各地都屡见不鲜,虚假新闻已然成为扰乱社会秩序和干扰民主进程的隐患。

虚假新闻的危害不仅仅局限于政治领域。在医疗健康、金融投资、社会事件等领域,虚假信息的传播也可能引发公众的恐慌和误导。综上所述,虚假新闻已然成为信息时代的严

图 3-1　Facebook 在用户试图转发存在争议的消息时的警告

重问题。为了维护公共利益和社会稳定,我们迫切需要有效的手段来鉴别新闻的真伪性,从而对其进行限制和打击,以确保公众能够获得真实、可信的信息。

虚假新闻检测(Fake News Detection)的定义是给定新闻文章的新闻内容(News Contents),社交上下文内容(Social Context),以及外部知识(External Knowledge),去判断新闻文本的真伪性。其中,新闻内容指的是文章中所包含的文本信息,也可以包括图片视频等多模态信息(Multi-Modal Information);社交上下文信息指的是新闻的发布者,新闻的传播网络,以及其他用户对新闻的评论和转发等;外部知识指新闻文本以外的客观事实知识,通常我们可以通过文本或知识图谱来表示外部知识。

基于以上概念,我们不难将虚假新闻检测的相关工作按照不同的方向进行大致的归类:从模型架构出发,可以区分为基于人工特征工程的模型、面向序列(sequence)的深度学习模型以及面向图(graph)的深度学习模型;而从数据类型出发,可以将模型输入数据区分为新闻文本、新闻多模态信息(图片、音频等)、社交上下文、外部的结构化和非结构化知识库等。

就模型架构角度而言,一些早期的虚假新闻检测方法[55-60]过度依赖人工特征工程下的语言学和语义特征,这使得模型的质量极大程度依赖于人工引入的先验知识;进入深度学习时代,采用双向 LSTM 和卷积神经网络处理文本序列的工作[61-64]被用于虚假新闻检测,然而这样的模型无法考虑到文本中不同句子之间非序列性的信息交互;Vaibhav 等[65]开创性地将文章句子建模为图结构,而 Pan 等[66]也进行了类似工作,他们则是将文本中的实体和关系抽取出来建模为图结构,之后均用图神经网络进行虚假新闻检测,此类工作相比之前达到了较好的成效,但其突出问题在于虚假新闻检测的准确率高度依赖结构化的知识图谱的构建质量。

就数据类型角度而言,传统方法更多关注虚假新闻本身,包括其中的文本、图像、社交上下文等信息,而没有利用丰富的外部知识。正如上文中提到的两项基于新闻文本构建知识图谱的工作,有限的信息使得知识图谱的构建质量无法得到保障,限制了虚假新闻检测准确率的进一步提升。为此,Wang 等[69]的工作引入了外部知识图谱,Li 等[70]引入了预训练的外部事实核查模型以进一步强化模型,取得了令人满意的效果。但外部知识远不止结构化的知识图谱和预训练模型,外部知识库(如维基百科)中存在着大量的非结构化文本知识,我们希望能将这些数据也纳入模型的考虑范围。

综合考虑了以上相关工作,我们结合了图建模方法和融合外部知识的方法,提出了 CompareNet 架构,以直接比较新闻文本和外部知识之间的差异,进而进行虚假新闻检测。同时,考虑到新闻的真伪与其主题高度相关(例如与"健康"有关的主题更倾向于成为虚假新闻,而与"经济"有关的主题则与之相反),我们还引入了主题建模的方式进一步丰富图结构的节点表示。

具体而言,我们为每个新闻文本构建了一个异质的图模型,以句子、主题、实体作为节点。任意两个句子之间都是双向连接的;每个句子与相关联的主题也是双向连接的;每个句子还单向连接到其包含的实体上。之所以句子-实体的连接是单向的,是因为虚假的新闻也有可能包含真实的实体信息,我们不希望真实的实体语义影响到对句子语义的判断。经过基于注意力的图神经网络学习的新闻文本的实体表示会被与外部知识库中的实体表示进行比较,进而得到一个比较特征。最后,经过主题增强的新闻文本特征和实体比较特征会被共同使用以进行虚假新闻检测。

总的来说,我们的贡献包括以下三点:

(1) 我们提出了一个新颖的虚假新闻检测模型,其通过对比新闻内容和外部知识库的内容,得出更准确的结论;

(2) 我们同时考虑了新闻的主题,通过将主题建模为图中的节点以进一步增强模型效果;

(3) 在两个数据集上进行的实验证明了我们的模型胜过了现存最好的虚假新闻检测模型,印证了我们提出的知识对比和主题建模的有效性。

## 3.2 相关工作

### 3.2.1 基于人工特征工程的模型

在虚假新闻检测领域,很多现存的工作意图引入人类对于虚假新闻的理解,从而有目的地构造出相关特征,进而通过传统的、基于特征的机器学习方法进行新闻真伪性的鉴别。早在 2015 年,Conroy 等[55]就通过构造语言学特征,包括 N 元特征(N-gram Features)、标点符号、心理语言学特征(Psycholinguistic Features)、可读性和语法 5 个方面,来进行虚假新闻的特征建模;Rubin 等[56]在此基础上额外引入了讽刺性(satire)和幽默性(humor)两种特征辅助检测;Rashkin 等[57]进一步展开了对恶作剧性质(hoax)和宣传性质(propaganda)的特征研究;Potthast 等[58]通过 Unmasking 方法引入了文本的流派风格(genre)作为特征;Shu 等[59]将社交上下文中的用户信息(包括账号的创建时间、账号是否被认定为 bot 用户等)简单处理为特征;Sitaula 等[60]将作者与虚假新闻的关联历史、新闻的作者数量等也纳入考量范畴……凡此种种,不胜枚举。从中我们不难发现,随着我们对模型的精度要求愈发见长,模型对特征数量的需求便随之膨胀,与此同时,特征维度的上升还会带来维度灾难(Curse of Dimensionality)等问题,因此,研究者们期望能提出一种避免人工进行特征工程的方法。

## 3.2.2 面向序列的深度学习模型

Ma 等[61]的一项工作首次揭开了深度学习技术应用到虚假新闻检测领域的序幕。该方法简单地将新闻文本中的每个句子输入到循环神经网络(Recurrent Neural Network,RNN)、长短期记忆网络(Long Short Term Memory,LSTM)和门控循环单元网络(Gated Recurrent Units,GRU)中,利用循环神经网络对文本序列建模出隐层向量作为特征,并将其输入到分类器中得到检测结果,其架构如图 3-2 所示。

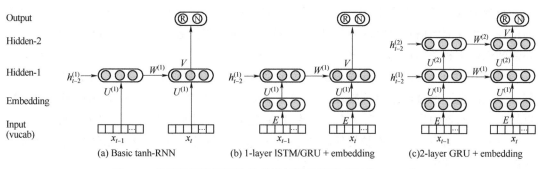

图 3-2　基于循环神经网络的虚假新闻检测模型架构(IJCAI'16)

一年之后,Feng 等[62]又提出了基于卷积神经网络(Convolutional Neural Network,CNN)对新闻文本建模的方案;Ma 等[63]再次改进之前的循环神经网络模型,引入多任务(multi-task)思想,基于 RNN,将虚假新闻检测任务和立场分类任务组合成一个模型;WWW'19 中 Ma 等[64]又开创性地提出了将生成式对抗网络(Generative Adversarial Network,GAN)引入虚假新闻检测领域,通过对抗学习提升了模型的鲁棒性和检测准确率。

## 3.2.3 面向图的深度学习模型

3.2.2 节中介绍了虚假新闻检测从人工特征工程到深度学习的转变,但面对文本或句子序列的建模始终无法解决一个问题:这些模型并没有考虑真实新闻文本和虚假新闻文本之间不同的句子交互模型(sentence interaction patterns)。具体而言,一篇新闻文本中,不同的句子之间的交互可能是错综复杂的网状结构,而序列模型只是简单将其建模为序列结构,这种归纳偏置(inductive bias)的缺失使得模型难以实现良好的泛化。Vaibhav 等[65]开创性地将图建模引入虚假新闻检测领域,并取得了良好的成效,如图 3-3 所示。

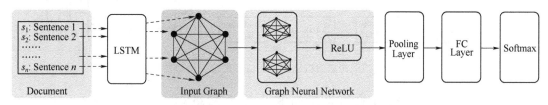

图 3-3　Vaibhav 等对新闻文本的图建模和虚假新闻检测框架(ACL'19)

类似的思路也出现在 Pan 等[66]的工作中,他们并非将新闻文本建模为句子之间的图结构,而是直接对原始文本进行实体和关系抽取,构建了新闻文本的知识图谱,进而训练出一个 Trans-E 模型以获取三元组的可信分数,从而在测试集上对新闻文本提取出的三元组进行评分以达到检测虚假新闻的目的。该思路存在一个显著的问题,就是其检测虚假新闻的能力高度依赖于对应知识图谱的构建质量,如果知识图谱构建模块没有充分的能力,那么在知识图谱构建的过程中就会存在大量信息损失,更遑论达到良好的检测效果。

### 3.2.4 融合外部知识的深度学习模型

与少量的新闻文本相比,大量的外部知识往往蕴含了更丰富、全面的语义信息,如果能利用好这些外部的信息,则可以更好地帮助模型理解新闻内容、检测新闻真伪。因此,融合外部知识也是相关领域的重要研究方向。

MM′19 中,Zhang 等[67]首先将文本以外的其他信息(包括新闻内容的视觉信息以及外部的知识信息),通过注意力机制,融合到了文本的表示中,从而帮助模型利用更多元的信息更好地理解新闻内容,取得了良好的效果,其模型架构如图 3-4 所示。美中不足的是,其仅仅考虑了将与对应实体相关联的外部概念(concept)加入表示学习,没有充分利用完整的知识图谱所蕴含的潜在价值。

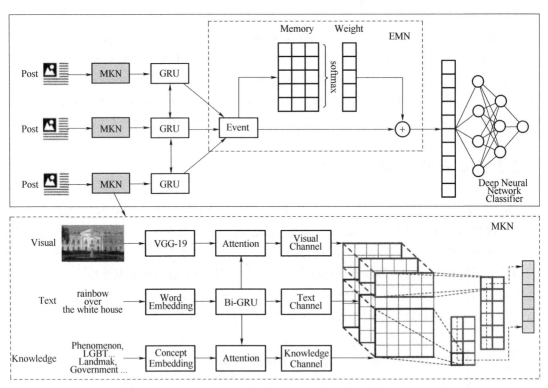

图 3-4 利用注意力机制的多元信息融合架构(MM′19)

Dun 等[68]在后续提出的知识感知和注意力网络(Knowledge-aware Attention Network,KAN)则设计了一种更为精妙的结构以更充分利用外部知识图谱的信息加强模型的语义理解,其中包含两种注意力模式,一种是新闻文本和实体之间的注意力(News towards Entities（N-E）attention），另一种是新闻文本和实体以及实体上下文之间的注意力（News towards Entities and Entity Contexts（N-E²C）attention），其中实体上下文被定义为实体在知识图谱中的近邻。如此，更多蕴含在知识图谱内部的信息被编码进了新闻文本的表示中，加强了模型利用外部知识理解新闻文本语义的能力。

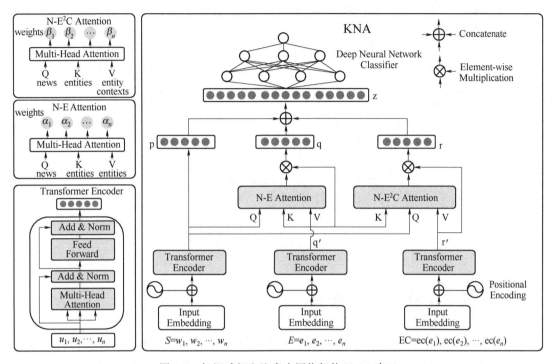

图 3-5　知识感知和注意力网络架构（AAAI'20）

以上两项工作是建立在序列模型的基础上，对外部知识进行融合的模型。而 Wang 等[69]也在图模型的基础上展开了知识融合的研究，其基于新闻内容的多模态信息和外部知识构建出了一张完整的异构图（heterogeneous graph），并通过图卷积神经网络（Graph Convolutional Network，GCN）进行特征提取，进而达到虚假新闻检测目的；无独有偶，Li 等[70]利用预训练的事实核查模型在外部知识语料中查找事实证据，将事实证据和新闻内容构造为异构的星形图，利用 GCN 融合新闻内容和事实证据，对虚假新闻进行检测。

然而，以上融合外部知识的工作都只是为模型引入额外的信息以帮助构建新闻内容的表示。用一个形象的比喻来结束本小节：假如模型是一位考生，而检测任务是一场考试，以上融合外部知识的方法相当于只是通过给予考生额外的复习资料以帮助其更好地理解知识点，进而考取更令人满意的成绩。我们有没有办法直接让考生带着参考答案上考场呢？答案是肯定的。由此，我们引出本章重点介绍的模型——CompareNet。

## 3.3　算法模型

我们提出的 CompareNet 模型实现了以上目标。在本节中，我们会详细分析并探讨 CompareNet 的设计思想和算法模型。CompareNet 整体架构（ACL'21）如图 3-6 所示。

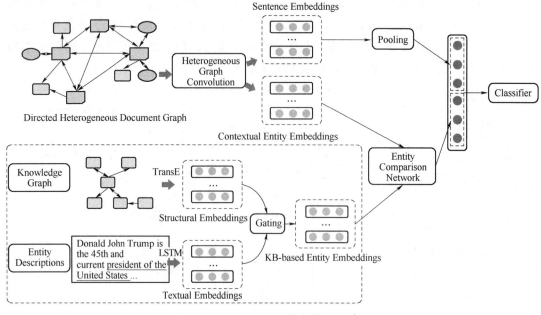

图 3-6 CompareNet 整体架构（ACL'21）

## 3.3.1 基于 LDA 的主题挖掘

由于虚假新闻的检测和其对应的主题（topic）高度相关[71]，因此我们考虑挖掘新闻文本相关的主题信息并将其融合到最终的表示中，使得模型能够更全面地理解新闻内容的语义信息。在主题挖掘领域，最常用的方法是潜在狄利克雷分配（Latent Dirichlet Allocation，LDA）[37]，其意在对文档的生成过程进行建模，无监督地为文档标注潜标签。由于该部分不是本章主要介绍的内容，因此我们会简要地粗览一遍 LDA 的工作流程，对于其中的详细数学推导，感兴趣的读者可以自行查阅相关资料。

假设语料库总共有 $V$ 个词，对于一篇长度为 $m$ 的文档 $\vec{\omega} = (\omega_1, \omega_2, \cdots, \omega_m)$，假如我们认为文档中每个词语是独立同分布的，也就是将其视作一元（unigram）模型，那么每个词语生成的过程可以认为是一次 $V$ 项分布的实验，则整个文档的词频 $n = (n_1, n_2, \cdots, n_V)$ 服从多项分布（$m$ 重 $V$ 项分布）：

$$n \sim \mathrm{Mult}(m, p) \quad \text{式(3-1)}$$

式中，$p = (p_1, p_2, \cdots, p_V)$ 是一个和每个词语的先验分布相关的概率参数，我们可以认为，每个主题 $t_i$ 都对应着一个 $p_i$。

给出 Dirichlet 分布：

$$x = (x_1, x_2, \cdots, x_k) \sim \mathrm{Dir}(\alpha_1, \alpha_2, \cdots, \alpha_k) \quad \text{式(3-2)}$$

$$f(x_1, x_2, \cdots, x_k; \alpha_1, \alpha_2, \cdots, \alpha_k) = \frac{1}{B(\alpha)} \prod_{i=1}^{k} x_i^{\alpha_i - 1} \quad \text{式(3-3)}$$

式中，$B(\alpha)$ 是 $k$ 元 Beta 分布，即：

$$B(\alpha) = \frac{\prod_{i=1}^{k} \Gamma(\alpha_i)}{\Gamma(\sum_{i=1}^{k} \alpha_i)} \qquad 式(3\text{-}4)$$

Dirichlet 分布有两个良好的性质,一是它是多项分布的共轭分布;二是它的期望比较易于求解。通过性质一,我们可以通过 Dirichlet 先验和多项分布的似然函数推出后验分布。而我们又认为文档服从多项分布,因此只要假设 $p$ 服从 Dirichlet 分布,即:

$$p \sim \text{Dir}(\alpha_1, \alpha_2, \cdots, \alpha_V) \qquad 式(3\text{-}5)$$

对于特定主题语料库 $W = (\vec{\omega_1}, \vec{\omega_2}, \cdots, \vec{\omega_w})$,$p$ 确定,观测其中每个文档的词频 $n_i$,得到整个主题语料在 $p$ 下的条件似然:

$$p(W|p) = \prod_{i=1}^{w} \text{Mult}(n_i | m, p) \qquad 式(3\text{-}6)$$

根据贝叶斯定理:

$$p(p|W) = \frac{p(W|p) p(p)}{\int p(W|p) p(p) \mathrm{d}p} \qquad 式(3\text{-}7)$$

由于 Dirichlet 分布和多项分布的共轭性质,式(3-7)可以改写为

$$p(p|W, \vec{\alpha}) = \text{Dir}(p | n' + \vec{\alpha}) \qquad 式(3\text{-}8)$$

式中,$n'$ 是整个语料库的词频,也就是对所有 $n_i$ 的逐元素求和。通过性质二,我们又可以轻松地取一阶矩以获得 $p$ 的估计,得到:

$$\widehat{p_i} = \frac{n_i + \alpha_i}{\sum_{j=1}^{V} n_j + \alpha_j} \qquad 式(3\text{-}9)$$

超参数 $\vec{\alpha}$ 取其在 Dirichlet 分布中的物理意义,即事件的先验的伪计数向量。至此,我们得到的 $p$ 的估计,可以将其理解为一个主题-词分布,也就是给定主题 $z$ 的情况下,词 $\omega$ 的分布由 $p$ 控制,而 $p$ 又是通过 $\vec{\alpha}$ 和 $z$ 得到的,我们记作 $\widehat{p_{\vec{\alpha},z}}$,则 $W \sim \widehat{p_{\vec{\alpha},z}}$,这是一个多项分布。同样地,我们可以如法炮制,再假设整个语料库下,主题 $z$ 也服从一个多项分布(项数同样也是一个超参数),这个多项分布的参数也服从一个先验的 Dirichlet 分布(由超参数 $\vec{\beta}$ 控制),则可以得到:

$$p(W, Z | \vec{\alpha}, \vec{\beta}) = p_\omega(W | Z, \vec{\alpha}) p_z(Z | \vec{\beta}) \qquad 式(3\text{-}10)$$

之后,我们可以采样 $p(W,Z)$ 来估计两个多项分布的参数,由于 $Z$ 是相对于观测变量 $W$ 的隐变量,因此上述采样等价于 $p(Z|W)$,其可以通过 Gibbs 采样来实现,具体的数学推导过程此处略去。随机初始化 $Z$,反复遍历语料,对每个词 $\omega$ 通过 Gibbs 采样得到新的主题 $z$ 并进行迭代,直到采样过程收敛,得到的就是语料的 LDA 模型。

推理阶段的流程大致相同,我们只需要初始化测试语料 $W'$ 的 $Z'$,遍历 $W$ 和 $W'$,但是只通过 Gibbs 采样更新 $Z'$ 直至收敛,得到的便是测试语料的 LDA 模型。至此,LDA 完成了无监督的主题挖掘。

在我们的 CompareNet 中,采用了主题数为 100 的 LDA 模型进行主题挖掘,后续会介绍 CompareNet 如何将主题挖掘的结果融入新闻内容的表示学习中。

### 3.3.2 有向异构图建模

对于每一份新闻内容,我们将其构建为一张异构的图,用 $\mathcal{G}=(\mathcal{V},\mathcal{E})$ 表示,如图 3-7 所示。其中包含三类节点,句子节点集 $S=\{s_1,s_2,\cdots,s_M\}$,主题节点集 $T=\{t_1,t_2,\cdots,t_K\}$,实体节点集 $E=\{e_1,e_2,\cdots,e_N\}$,即 $\mathcal{V}=S\cup T\cup E$;包含三类边,句子和句子的关联、句子和实体的关联、句子和主题的关联,具体如何构建这些关联下文中会提及。

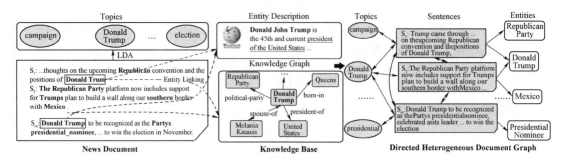

图 3-7 有向异构文档图示例

具体的构建过程中,首先对整个新闻文本进行切分,得到句子集 $S$,$S$ 中的所有节点两两之间用双向的边进行连接,使得图能够捕获到不同句子之间的交互;再通过 3.3.1 节中介绍的 LDA 方法挖掘出 $T=100$ 个主题,并且为每个句子指定最相关的 $P$ 个主题,将它们与该句子用双向的边进行连接,使得主题的信息能够通过句子子图传播到其他句子节点上,加强句子对其他句子节点的主题感知;再通过实体识别方法,识别出每个句子包含的所有实体,使用 TAGME 将其链接到 Wikipedia 上,然后为实体构建从句子到节点的单向边——这么做的原因是,虚假新闻中的实体也可能是真实的,我们要避免把实体中的"真实"的语义通过图传播到句子节点的表示上,从而避免对检测结果有所误导。

### 3.3.3 异构图卷积网络

基于我们所构建的异构图 $\mathcal{G}$,下一步是通过图神经网络获取 $\mathcal{G}$ 中的节点表示。

首先,我们用 $\mathcal{T}=\{\tau_1,\tau_2,\tau_3\}$ 表示三类节点;通过 LSTM 对句子 $s=(\omega_1,\omega_2,\cdots,\omega_m)\in S$ 进行编码,得到句子对应的潜表示 $x_s\in\mathbb{R}^M$;实体 $e\in E$ 被初始化为由外部知识图谱学习得到的实体表示 $e_{KB}\in\mathbb{R}^M$(见下文);主题 $t\in T$ 被初始化为独热向量(one-hot vector)$x_t\in\mathbb{R}^K$。

下一步,分别考虑节点集 $\mathcal{V}$ 和边集 $\mathcal{E}$。令 $\boldsymbol{X}\in\mathbb{R}^{|\mathcal{V}|\times M}$ 为异构图的节点嵌入矩阵(其中的每一行表示一个节点的潜表示),$\boldsymbol{A}$ 与 $\boldsymbol{D}$ 分别表示邻接矩阵和度矩阵。异构卷积层通过聚合第 $l$ 层中的不同类型 $\tau$ 节点的特征 $\boldsymbol{H}_\tau^{(l)}$ 来更新第 $(l+1)$ 层中的特征 $\boldsymbol{H}^{(l+1)}$(第 0 层的特征 $\boldsymbol{H}^{(0)}$ 被认为是初始化的 $\boldsymbol{X}$ 矩阵),具体如下:

$$\boldsymbol{H}^{(l+1)}=\sigma\left(\sum_{\tau\in\mathcal{T}}\mathcal{B}_\tau\cdot\boldsymbol{H}_\tau^{(l)}\cdot\boldsymbol{W}_\tau^{(l)}\right) \quad \text{式(3-11)}$$

式中,$\sigma(\cdot)$ 表示激活函数;不同类型 $\tau$ 的节点有着不同的转换矩阵 $\boldsymbol{W}_\tau^{(l)}$,其将不同类型节点的特征从各自的特征空间映射到一个统一的特征空间中去;$\mathcal{B}_\tau\in\mathbb{R}^{|\mathcal{V}|\times|\mathcal{V}_\tau|}$,表示注意力矩阵,行表示任意一个节点,列表示类型为 $\tau$ 的节点,其中第 $v$ 行、第 $v'$ 列的元素计算如下:

$$\beta_{vv'} = \text{Softmax}_{v'}(\sigma(\boldsymbol{v}^T \cdot \alpha_\tau [\boldsymbol{h}_v, \boldsymbol{h}_{v'}])) \qquad \text{式}(3\text{-}12)$$

式中，$\boldsymbol{v}$ 表示注意力向量；$\alpha_\tau$ 表示类型之间的注意力权重；$\boldsymbol{h}_v$ 和 $\boldsymbol{h}_{v'}$ 分别是当前节点 $v$ 和邻居节点 $v'$ 的特征；Softmax 函数用于邻居节点之间的标准化。

至于 $\alpha_\tau$ 的计算上，可以使用当前节点的嵌入特征 $\boldsymbol{h}_v$ 和类型特征 $\boldsymbol{h}_\tau = \sum_{v'} \widetilde{\boldsymbol{A}}_{vv'} \boldsymbol{h}_{v'}$，即拥有对应类型 $\tau$ 的邻居节点特征的加权和，其中权重矩阵 $\widetilde{\boldsymbol{A}} = \boldsymbol{D}^{-\frac{1}{2}} (\boldsymbol{A} + \boldsymbol{I}) \boldsymbol{D}^{-\frac{1}{2}}$ 是加入了自连接的标准化邻接矩阵，总的 $\alpha_\tau$ 计算过程如下：

$$\alpha_\tau = \text{Softmax}_\tau(\sigma(\boldsymbol{\mu}_\tau^T \cdot [\boldsymbol{h}_v, \boldsymbol{h}_\tau])) \qquad \text{式}(3\text{-}13)$$

式中，$\boldsymbol{\mu}_\tau$ 是类型 $\tau$ 的注意力向量，Softmax 用于不同类型之间的标准化。

在 $L$ 层异构图卷积层之后，我们可以获得所有节点（包括句子节点和实体节点）的聚合了邻居节点语义的潜表示。我们在所有句子节点的表示中进行最大池化（max pooling）以获得最终的话题增强的新闻文本表示 $H_d \in \mathbb{R}^N$，并将融合了邻居节点语义信息的实体表示 $e_c \in \mathbb{R}^N$ 作为上下文实体表示。

在获取了新闻文本的表示之后，为了对比新闻文本内的实体和外部知识库中的实体的差异，我们构建了实体比较网络，意图将上文中得到的融合了邻居节点语义信息的实体表示 $e_c$ 与知识库中的实体对应的表示 $e_\text{KB}$ 进行比较。基于这样的假设：从真实新闻文本中学习得到的 $e_c$ 可以更好地与知识库中的 $e_\text{KB}$ 对齐，而虚假新闻则不然，从中我们有理由相信这样的比较得出的特征能够帮助提升模型鉴别虚假新闻的能力。

### 3.3.4 基于知识库的实体表示

首先，为了最大化利用外部知识库（如 Wikipedia）中结构化的外部知识图谱以及非结构化的实体文本描述，我们提出了以下功能部件。

（1）结构化嵌入（Structural Embedding）

有许多知识图谱的节点嵌入方法可以获取实体的表示，我们考虑到简便性，选择了 TransE 作为我们的实现[72]。详细而言，TransE 意图将三元组 $(h, r, t)$ 中的关系 $r$ 学习为对应的，从 $h$ 到 $t$ 的向量 $r$，也就是：

$$\boldsymbol{h} + \boldsymbol{r} = \boldsymbol{t} \qquad \text{式}(3\text{-}14)$$

基于此，$\boldsymbol{h}$ 和 $\boldsymbol{t}$ 即为学习到的头尾实体的表示。通过这种方式，我们可以获得实体表示 $e_s \in \mathbb{R}^M$；

（2）文本嵌入（Texual Embedding）

对每个节点，我们抽取其对应的维基百科页面的第一个段落作为其对应的文本描述。我们应用 LSTM 学习并编码得到实体的文本描述的表示 $e_d \in \mathbb{R}^M$。

（3）门控集成（Gating Integration）

既然结构化图谱和非结构化文本描述都能为实体的表示提供有用的信息，我们考虑将这些信息集成到一个联合表示中。确切地说，我们通过一个可学习的门控函数集成两个来源的表示，即：

$$e_\text{KB} = \boldsymbol{g}_e \odot e_s + (1 - \boldsymbol{g}_e) \odot e_d \qquad \text{式}(3\text{-}15)$$

式中，$\boldsymbol{g}_e \in [0,1]^M$ 是一个与实体 $e$ 有关的门控向量，用于权衡两个来源的信息；$\odot$ 表示逐元素相乘。该式表示 $e_s$ 和 $e_d$ 的不同维度会以不同的权重进行加权和。为了将 $g_e$ 限制在 $[0,1]$ 区间内,我们通过 sigmoid 函数来计算:

$$g_e = \sigma(\widetilde{g_e}) \qquad 式(3\text{-}16)$$

式中,$\widetilde{g_e} \in \mathbb{R}^M$ 是训练过程中学习得到的一个实数域上的向量。

在融合两种不同来源的信息后,我们获得了一个基于外部知识库的、同时融合了结构化的图谱信息和非结构化的文本描述信息的实体表示 $e_{KB} \in \mathbb{R}^M$。

### 3.3.5 实体对比

在上述过程之后,我们进行了新闻文本和外部知识库对应的实体表示的对比,以捕获两者的一致性。我们可以计算一个新闻文本实体表示 $e_c$ 和对应的外部知识库实体表示 $e_{KB}$ 之间的差异特征 $a_i$:

$$a_i = f_{cmp}(e_c, W_e \cdot e_{KB}) \qquad 式(3\text{-}17)$$

式中,$f_{tmp}(\cdot)$ 表示对比函数,$W_e \in \mathbb{R}^{N \times M}$ 是一个可学习的转换矩阵。为了更好衡量节点之间的距离和相关性,参考 Dinghan Shen 等[73] 的工作,可以将比较函数设计为

$$f_{cmp}(x, y) = W_a[x - y, x \odot y] \qquad 式(3\text{-}18)$$

式中,$W_a \in \mathbb{R}^{2N \times N}$ 是一个可学习的转换矩阵,$\odot$ 是哈达玛积(即逐元素相乘)。最终通过在所有实体对应的对齐向量 $A = [a_1, a_2, \cdots, a_n]$ 上进行最大池化,获取差异特征向量 $C \in \mathbb{R}^N$ 作为输出。

### 3.3.6 模型训练

获取了差异特征向量 $C$ 和新闻文本表示向量 $H_d$ 之后,我们可以将其进行拼接,之后送入一个 Softmax 层以进行分类:

$$Z = \text{Softmax}(W_o[C, H_d] + b_o) \qquad 式(3\text{-}19)$$

式中,$W_o$ 和 $b_o$ 都是可学习的权重和偏置。此外,在训练过程中,我们使用了带 L2 正则化的交叉熵损失作为优化的损失函数:

$$\mathcal{L} = -\sum_{i \in D_{train}} \sum_j Y_{ij} \cdot \log Z_{ij} + \eta \|\Theta\|_2 \qquad 式(3\text{-}20)$$

式中,$D_{train}$ 是用于训练的新闻文本,$Y$ 是对应的标签矩阵,$\Theta$ 是模型参数,$\eta$ 是正则化因子。此外,我们采用了梯度下降法对式(3-20)进行优化。

## 3.4 实验及分析

### 3.4.1 实验设置

跟随先前工作,我们在 SLN 数据集(Satirical and Legitimate News Database)和 LUN 数据集(Labeled Unreliable News Dataset)上进行了实验。

实验的比较基准包括：

(1) 面向序列的深度神经网络

① LSTM；

② CNN；

③ BERT+LSTM(其中 BERT 用于句子编码,LSTM 用于文档编码)；

④ BERT(直接进行文档编码)。

(2) 图神经网络

① GCN(无向全连接图,分别对注意力池化和最大池化进行了实验)；

② GAT(同上)。

为了进行公平的比较,与上述图神经网络工作相同,实验中同样采用了 LSTM 作为编码器、句子嵌入将随机初始化。重复进行 5 次实验,得到微平均和宏平均结果进行评估。同时,我们还在两路交叉验证和四路交叉验证上分别进行了实验。

两路交叉验证上,我们将 LUN 训练集中的讽刺新闻和真实新闻用于训练,LUN 测试集用于验证,此后在整个 SLN 数据集上进行评估,以模拟模型在真实世界场景中超出领域范围的适应能力。

四路交叉验证上,我们将 LUN 训练集按 4∶1 切分为训练集和验证集,在 LUN 测试集上进行评估。

具体设置上,我们将 LDA 的主题挖掘总数 $K$ 设置为 100,为每个句子指定的相关主题数量 $P$ 设置为 2,异构图卷积层数量设置为 1,这些超参数的设计是基于实验结果和验证集而来的最佳结果。同时,我们还设置了一套与 Vaibhav 等相同的超参数以便进行公平比较。特别地,模型所有的隐层维度都被设置为 $M=100$,节点嵌入维度 $N=32$。在 GAT、GCN 和我们的 CompareNet 上,激活函数被设置为斜率为 0.2 的 LeakyReLU。模型训练上,我们采用了 0.001 学习率的 Adam 优化器对数据集进行了 15 轮迭代训练。L2 正则化因子 $\eta$ 被设置为 1e-6。

## 3.4.2 实验结果

表 3-1 所示为对讽刺性新闻和真实新闻进行二路交叉验证的结果。如表 3-1 所示,我们提出的模型 CompareNet 在所有指标上显著优于所有最先进的基线模型。与最佳基线模型相比,CompareNet 将微观 F1 和宏观 F1 都提高了近 3%。我们还可以发现,基于图神经网络的模型 GCN 和 GAT 都比包括 CNN、LSTM 和 BERT 在内的深度神经模型表现得更好。原因在于,深度神经模型未能考虑句子之间的交互作用,而这对于虚假新闻检测非常重要,因为在真实和虚假新闻中观察到了不同的交互模式。我们的模型 CompareNet 通过有效利用主题挖掘以及外部知识进一步提高了对虚假新闻的检测能力。主题挖掘丰富了新闻的表示,而外部知识为虚假新闻检测提供了额外证据。

表 3-1 二路交叉实验结果

| Model | Micro | Macro | | |
|---|---|---|---|---|
| | F1 | Prec | Recall | F1 |
| CNN | 67.50 | 67.79 | 67.50 | 67.37 |

续表

| Model | Micro | Macro | | |
|---|---|---|---|---|
| | F1 | Prec | Recall | F1 |
| LSTM | 81.11 | 82.12 | 81.11 | 80.96 |
| BERT+L STM | 75.83 | 76.62 | 75.83 | 75.65 |
| BERT | 84.16 | 84.73 | 84.16 | 84.1 |
| (Rubin et al,2016) | — | 88.00 | 82.00 | — |
| GCN+Max | 85.83 | 86.16 | 85.83 | 85.80 |
| GCN+Attn | 85.27 | 85.59 | 85.27 | 85.24 |
| GAT+Max | 86.39 | 86.44 | 86.38 | 86.38 |
| GAT+Attn(2019) | 84.72 | 85.65 | 84.72 | 84.62 |
| CompareNet | **89.17** | **89.82** | **89.17** | **89.12** |

我们还在表 3-2 中呈现了四路交叉验证的结果。与表 3-1 一致,所有能够捕捉句子交互作用的图神经模型都优于深度神经模型。我们的模型 CompareNet 在所有指标上表现最好。我们相信,我们的模型 CompareNet 高度受益于主题挖掘和外部知识的增强。

表 3-2 四路交叉实验结果

| Model | Micro | Macro | | |
|---|---|---|---|---|
| | F1 | Prec | Recall | F1 |
| CNN | 54.03 | 54.50 | 54.03 | 52.60 |
| LSTM | 55.06 | 58.88 | 55.06 | 52.50 |
| BERT+L STM | 55.56 | 57.45 | 54.86 | 54.00 |
| BERT | 64.66 | 60.89 | 64.46 | 58.80 |
| (Rashkin et al,2017) | — | — | — | 65.00 |
| GCN+Max | 65.00 | 66.75 | 64.84 | 63.79 |
| GCN+Attn | 67.08 | 68.60 | 67.00 | 66.42 |
| GAT+Max | 65.50 | 69.45 | 65.33 | 63.83 |
| GAT+Attn(2019) | 66.95 | 68.05 | 66.86 | 66.37 |
| CompareNet | **69.05** | **72.94** | **69.04** | **68.26** |

### 3.4.3 消融实验

在本节中,我们进行消融实验来研究 CompareNet 中每个模块的有效性以及我们如何融合外部知识。我们在 LUN 测试集上进行了 5 次实验。如表 3-3 所示,我们测试了移除结构化三元组、移除整个外部知识、移除主题挖掘以及同时移除主题和外部知识的 CompareNet 模型效果。在最后两行,我们进一步研究了构建的无向的异构图和不同的实体比较函数对模型效果的影响。无向 CompareNet 不考虑定向异构文档图的边方向。连接变种 CompareNet 将实体比较函数替换为简单的连接操作。

表 3-3 消融实验

| Model | Micro | Macro | | |
|---|---|---|---|---|
| | F1 | Prec | Recall | F1 |
| CompareNet | **69.05** | **72.94** | **69.04** | **68.26** |
| -w/o Structured Triplets | 68.74 | 69.34 | 68.79 | 68.17 |
| -w/o Entity Cmp | 67.46 | 70.38 | 67.43 | 66.35 |
| -w/o Topics | 67.40 | 69.75 | 67.41 | 66.73 |
| -w/o Both | 65.00 | 66.75 | 64.84 | 63.79 |
| CompareNet(undirected) | 66.35 | 68.11 | 66.36 | 65.74 |
| CompareNet(concatenation) | 67.40 | 70.05 | 67.39 | 66.25 |

从表 3-3 中可以看出,移除结构化实体知识(即无结构化三元组参与融合)导致轻微性能下降。如果我们移除整个外部知识(即完全没有与外部知识进行实体比较),性能分别在微观 F1 和宏观 F1 上下降了约 1.3% 和 1.8%。移除主题挖掘部分(即无主题参与实体表示的构建)会对性能产生相当大的影响,这表明主题信息与外部知识一样重要。同时移除主题和外部知识将导致显著性能下降(4.0%～5.0%)。虽然无向 CompareNet 整合了主题和外部知识,但其性能低于没有与外部知识进行实体比较的 CompareNet 和没有主题增强的 CompareNet。原因可能是,无向 CompareNet 在图卷积中直接聚合了真实实体知识到新闻表示中,这误导了分类器对于真实语义的理解,使得分类器难以区分虚假新闻。这验证了我们构建的定向异构文档图的必要性。最后的连接变种 CompareNet 的性能也低于没有与外部实体进行比较的 CompareNet,进一步表明直接连接真实实体知识并不是一种很好的整合实体知识的方式。与 CompareNet 相比,它的性能下降了约 2.0%。这些结果证明了在 CompareNet 中精心设计的实体比较网络的重要性。

## 3.4.4 关于主题指定数目 $P$ 的研究

图 3-8 所示为我们的模型 CompareNet 在 LUN 验证集上,针对每个句子节点指定分配不同数量的主题($P$)时的性能(微观 F1 和宏观 F1)。如图 3-8 所示,随着 $P$ 的增加,微观 F1 和宏观 F1 一开始稳步上升,然后在 $P$ 大于 2 时下降。这可能是因为连接太多低相关的主题会引入一些噪声。因此,在最后的实验中,我们将 $P$ 设置为 2。

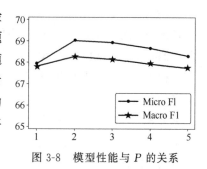

图 3-8 模型性能与 $P$ 的关系

## 3.4.5 案例分析

为了进一步说明为什么 CompareNet 胜过最先进的基线模型 GAT＋Attn,我们从 LUN 测试集中选择了两个真实新闻例子。基线模型 GAT＋Attn 和没有实体比较功能的变体 CompareNet 错误地将这两个例子预测为真实可信的新闻,而我们的模型 CompareNet

成功地对它们进行了虚假性检测。正如我们从图 3-9 中看到的,新闻文档的内容与 Wikipedia 上的实体描述相矛盾。具体来说,"FDA 威胁天然健康社区"的新闻与"FDA 负责保护和促进公共健康"的实体描述传达了相反的含义。同样,"乳腺 X 光不足以检测乳腺肿瘤"的新闻与"乳腺 X 光"实体描述传达了不同的含义。我们相信,我们的模型 CompareNet 通过实体比较网络从与 Wikipedia 知识的比较中受益。不过,我们也能发现存在一些失败的案例,因为一个实体可能会错误地链接到 Wikipedia 上的错误实体,导致模型对新闻文本的错误理解。

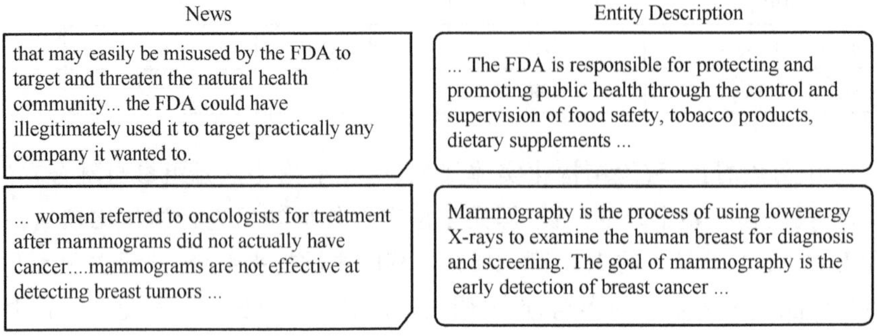

| News | Entity Description |
| --- | --- |
| that may easily be misused by the FDA to target and threaten the natural health community... the FDA could have illegitimately used it to target practically any company it wanted to. | ... The FDA is responsible for protecting and promoting public health through the control and supervision of food safety, tobacco products, dietary supplements ... |
| ... women referred to oncologists for treatment after mammograms did not actually have cancer....mammograms are not effective at detecting breast tumors ... | Mammography is the process of using lowenergy X-rays to examine the human breast for diagnosis and screening. The goal of mammography is the early detection of breast cancer ... |

图 3-9  案例分析

## 3.5  本章总结

在本章中,我们深入探讨了虚假新闻检测领域的重要议题,特别关注了基于图的虚假新闻检测方法。我们从传统虚假新闻检测方法入手,包括基于人工特征工程的模型、面向序列的深度学习模型、面向图的深度学习模型以及融合外部知识的深度学习模型。通过这些介绍,我们了解到在虚假新闻检测中,传统的方法面临着严峻的挑战,主要体现在对信息复杂关系的捕捉和特征学习的不足。

随后,我们引入了一个先进的虚假新闻检测方案,即 CompareNet。我们提出了一种新颖的端到端图神经网络模型,该模型将新闻与外部知识进行比较,用于虚假新闻检测。考虑到虚假新闻的检测与主题高度相关,模型中还使用主题挖掘来丰富新闻文档的表示语义,以提高其对虚假新闻的检测能力。具体来说,该工作首先为每篇新闻文档构建一个包含句子、主题和实体之间交互关系的有向异构图。基于该图,作者团队开发了一个异构图注意力网络,用于学习主题信息增强的新闻表示,以及编码新闻文档内容语义的上下文实体表示。为了捕捉新闻内容和知识库之间的语义一致性,学习到的上下文实体表示然后与基于知识库的实体表示进行比较,使用一个精心设计的实体比较网络。最后,获得的实体比较特征与新闻表示相结合,用于改进虚假新闻分类模块。在两个基准数据集上的实验证明了该工作融入外部知识和主题增强方式的有效性、相对于传统方法的显著优势,并且揭示了其在不同场景下的适用性和鲁棒性。

总结而言,本章系统性地介绍了虚假新闻检测领域的研究现状和挑战,以及一个具有前瞻性的解决方案。我们通过比较不同方法的优缺点,突出了基于图的虚假新闻检测方法的重要性和前景。

# 第 4 章

# 基于图的知识图谱表示学习

知识图谱(KGs)如 Freebase 和 YAGO 已经被广泛应用于各种自然语言处理(NLP)任务。知识图谱的表示学习旨在将实体和关系映射到一个连续的低维向量空间中。传统的知识图谱嵌入方法(如 TransE 和 ConvE)仅利用知识图谱三元组,因此受到了结构稀疏性的影响。一些最近的研究通过纳入实体的辅助文本,通常是实体描述,来解决这个问题。然而,这些方法通常仅关注局部连续的词序列,但很少明确使用语料库中的全局词共现信息。在本章中,我们提出使用图来建模整个辅助文本语料库,并提出一种端到端的文本-图增强知识图谱嵌入模型,名为 Teger。具体来说,我们使用异构实体-词图(称为文本-图)来建模辅助文本,其中包含实体和词之间的局部和全局语义关系。然后,我们应用图卷积网络来学习信息丰富的实体嵌入,聚合高阶邻域信息。这些嵌入进一步通过门控机制与知识图谱三元组嵌入相结合,从而丰富了知识图谱的表示并减轻了固有的结构稀疏性。在基准数据集上的实验证明,我们的方法明显优于几种最先进的方法。

## 4.1 引 言

知识图谱(KGs)是在自然语言处理(NLP)任务中得到广泛应用的数据结构,典型的代表有 Freebase[74] 和 YAGO[75]。通常,知识图谱由一组三元组 $\{(h,r,t)\}$ 组成,其中 $h$、$r$、$t$ 分别表示头实体、关系和尾实体。这种符号表示方式已经为多种 NLP 应用开发了各种方法。然而,随着知识图谱规模的不断扩大,由于计算效率低和数据稀疏性等问题,这些方法在处理大规模知识图谱时变得不太实际。

为了克服这一挑战,人们提出了表示学习方法,将实体和关系映射到低维连续向量空间中。这些向量空间中的嵌入使得计算实体之间的语义距离更加有效,已经在知识图谱的补全、信息提取和推荐系统[72,76,77]等任务中取得了显著的成功[78]。

然而,现有的知识图谱嵌入方法仅利用了知识图谱的结构信息,也就是已有的三元组,而这些信息往往是稀疏且不完整的。许多实体只出现在极少数的三元组中,这使得学习高质量表示变得具有挑战性。为了应对这一问题,一些研究引入了额外的信息,例如实体的文本描述,以丰富知识图谱的表示[79-83]。举例来说,文章[79,80]的研究人员应用了长短时记忆网络(LSTM)来编码实体描述的语义信息,从而可以学习包含三元组信息和实体描述的知识表示。

然而,这些方法存在两个主要限制:

(1) 它们通常只能捕获实体描述中的局部语义信息,主要关注短文本片段,但忽略了来自整个语料库的全局词汇共现信息。

(2) CNN 和 LSTM 等模型通常用于编码辅助文本信息,它们擅长捕获短距离的语义关系,但对于捕捉文本中的远程语义关系(即跨越实体或单词之间的关系)的表现相对较差。这一问题已在以前的研究中得到证实[84]。

因此,研究人员需要寻找更有效的方法,以充分利用辅助文本的语义信息,从而提高知识图谱表示学习的性能和适用性。这些努力将有望为知识图谱领域带来更强大的文本增强方法。

为了克服先前提到的两个限制,研究提出了一种名为 Teger 的新型知识图谱(KG)表示学习模型,其中引入了文本图(Text-Graph)来增强 KG 的表示。具体来说,Teger 模型采用了一个异构的实体-词图,也称为文本图,来对整个文本语料库进行建模,如图 4-1 所示。文本图的构建是基于实体的文本描述(局部语义)以及全局共现信息(全局语义)的概念。如果一个单词在实体的文本描述中出现,就会在实体和该单词之间建立一条边。此外,全局语义的边是基于文本语料库中的单词共现信息来构建的,这使得远离的单词之间也可以通过实体相互连接,更好地捕捉长距离语义关系。

Teger 模型使用图卷积网络(GCN)[18]来处理文本图,GCN 是一种强大的图神经网络,能够有效地捕获高阶邻域信息,这有助于编码实体与文本信息之间的语义关系。因此,Teger 模型可以同时捕获实体和单词之间的局部和全局长期语义关系。接下来,通过 GCN 学习实体表示,并通过可学习的门控函数将这些实体表示与现有的三元组嵌入进行集成,生成最终的实体嵌入。整个模型可以进行端到端的训练。

图 4-1 所示为如何构建文本图,其中实体"圣地亚哥大学"与单词"加利福尼亚"有关,然后根据它们的相似性,与单词"美国"相连接。这通过中间单词和实体之间的连接,更有可能预测实体之间的"位置/位置/包含"关系,如"圣地亚哥大学"和"美利坚合众国"。这个示例强调了建模实体和单词之间的全局长期关系的重要性。

与之前提到的知识图谱嵌入方法相比,Teger 模型基于文本图的方式更好地利用了辅助文本的局部和全局语义信息,使 GCN 从文本图中学到的实体表示能够更好地扩展知识图谱,同时减轻了知识图谱的稀疏性问题。这种方法有望提高知识图谱表示学习的性能和适用性。

总结而言,我们的研究在以下 3 个方面做出了重要贡献:

首先,我们引入了一种新颖的方法,即文本图,来对整个辅助文本进行建模,并采用图卷积网络(GCN)进行信息传播。这一创新使我们能够更好地捕捉文本信息的局部和全局远程语义关系,从而丰富了知识图谱(KG)的表示。

其次,我们提出了一种全新的端到端文本图增强的知识图谱表示学习模型,命名为 Teger。这个模型通过充分利用文本图中的文本信息,有效减轻了知识图谱结构的稀疏性问题,为 KG 表示学习领域带来了新的方法和可能性。

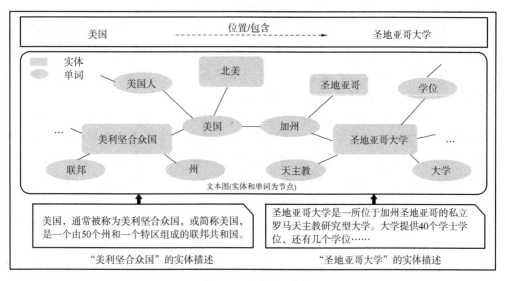

图 4-1 文本图示例

最重要的是,我们在广泛使用的基准数据集上进行了验证,结果表明 Teger 在性能上达到了最先进的水平,并明显优于以往的文本增强模型。这证明了 Teger 模型的有效性和实用性,为知识图谱表示学习提供了具有竞争力的解决方案,有望在多个 NLP 任务中发挥关键作用。

本文的其余部分组织如下。在第 4.2 节中,我们回顾了相关的工作,而第 4.3 节则详细介绍了我们提出的模型 Teger。第 4.4 节介绍了实验结果和结果分析。最后,我们在第 4.5 节中总结了我们的工作。

## 4.2 相关工作

### 4.2.1 KG 表示学习

知识图谱表示学习是一种机器学习领域的方法,旨在将知识图谱中的实体和关系转化为连续向量表示,以便计算机能够更好地理解和处理知识图谱中的信息。知识图谱是一种语义网络,由实体(如人、地点、事物)和它们之间的关系组成,通常以三元组的形式表示。例如,一个知识图谱中的三元组可以表示为"(Albert Einstein, wasBornIn, Ulm)",其中"Albert Einstein"是一个实体,"wasBornIn"是一个关系,"Ulm"是另一个实体。

知识图谱表示学习的目标是将这些实体和关系映射到低维向量空间,使得相似的实体在向量空间中距离较近,而不相似的实体距离较远。这种表示有助于计算机在知识图谱中执行各种任务,如实体分类、关系预测、实体对齐和知识图谱补全。知识图谱表示学习的方法通常利用大规模的知识图谱数据,结合机器学习技术,如神经网络、矩阵分解和图神经网络,来学习实体和关系的嵌入向量。

近年来,知识图谱(KG)表示学习领域涌现出众多方法,其中基于Translation的模型作为其中一个重要范例,在各种下游任务中展现出出色的性能。TransE[72]是其中的代表,它将每种关系看作是从头部实体到尾部实体的一种转换。然而,TransE在建模不同关系类型时表现出一些限制,尤其是在处理1对$N$、$N$对1和$N$对$N$的关系时表现不佳。为了克服这一问题,研究者们提出了多种TransE的变体。

例如,TransH[85]将每种关系看作是一个超平面,并将头实体和尾实体投影到特定于关系的超平面中,从而增强了关系建模的能力。TransR[78]将每种关系与一个特定的空间相关联,使得每个关系都有自己的嵌入空间,有助于更准确地捕捉关系的特性。TransD[86]通过将投影矩阵分解为两个向量的乘积,进一步简化了TransR模型,提高了计算效率。

TransG[87]考虑到了实体的不确定性,将实体建模为随机变量,采用高斯分布进行建模,这有助于处理实体的不确定性信息。最近,RotatE[88]引入了复杂向量空间中的旋转关系表示,从而扩展了基于平移的模型,使其更适用于处理复杂的关系类型。

这些不同的变体方法为知识图谱表示学习领域提供了更多灵活性和多样性,使研究人员能够更好地适应不同类型的关系和实体,从而提高了KG表示学习的性能和适用性。这些方法的不断发展和改进为各种知识图谱相关任务提供了强大的工具。

除了基于Translation的模型,研究领域还积极探索了使用基于相似度的评分函数的语义匹配模型[89-92]。此外,还有一些基于卷积的知识表示学习模型[93,94]。其中,ConvE[94]采用多层卷积网络作为评分函数,以更好地捕捉实体和关系之间的语义关系。

另外,基于图卷积网络(GCN)的模型[95,96]也受到广泛关注,这些模型旨在进一步覆盖每个三元组周围的局部邻域信息,从而提高知识图谱表示的性能。近期的研究工作[97,98]采用逻辑规则或强化学习范式,设计了复杂的评分函数,以进行知识图谱的推理和推断。

然而,上述方法的主要局限性之一是它们仅仅利用了知识图谱中的三元组信息,忽略了知识图谱的结构稀疏性问题。知识图谱通常包含大量的实体和关系,但三元组的数量相对较少,这导致了知识图谱的信息不完整性。因此,研究人员需要继续探索更有效的方法,以克服这些局限性,从而提高知识图谱表示学习的性能和适用性。

为了应对知识图谱(KG)的稀疏性问题,文本增强的KG表示方法已经成为强大的研究方向,得到了广泛关注。举例来说,Socher等[83]提出了一种神经张量网络模型,它利用实体名称的平均词嵌入来增强实体的表示。Wang等[82]则运用实体名称和维基百科的锚点来将实体和单词的嵌入对齐到同一向量空间中。Malaviya等[99]则采用了BERT模型对通识知识图谱中的实体名称进行编码。进一步的工作由Zhong等[100]、Zhang等[101]、Veira等[102]对Wang等[82]的模型进行了改进,采用了一种基于实体描述的对齐模型,而不再依赖锚点来对齐实体和单词。

然而,上述方法存在一个共同的问题,即难以解决实体名称中的歧义问题。为应对这一挑战,Xie等[81]和Wang等[103]提出了一种不再使用实体名称,而是利用实体的简洁描述来学习知识表示的方法。另外,Xu等[80]提出了一种结合了结构和文本表示的门控机制。An等[79]则借助实体描述和关系提及[104,105]进一步改进了KG嵌入。Qin等[106]利用生成对抗网络生成仅以噪声描述作为输入的KG嵌入。在这些方法中,每个实体通常只能利用短描述中的局部连续词序列的语义信息,无法全面地捕捉实体与单词之间的全局关系。

除此之外,多数文本增强方法通常采用基于卷积神经网络(CNN)或长短时记忆网络

(LSTM)的模型来编码文本信息。尽管这些模型在捕捉语义组合方面表现出色,但却相对不擅长捕获文本中的远距离语义关系,这限制了它们在知识图谱表示学习中的表现。因此,研究者们需要进一步探索新的方法,以更有效地利用辅助文本的语义信息,从而提高知识图谱表示学习的性能和适用性。这些努力有望为知识图谱领域引入更为强大的文本增强技术。

与以往研究不同的是,本书提出了一种新颖的方法,将实体的整个辅助文本建模为一个文本图,并提出了一种全新的端到端文本图增强的知识图谱表示学习模型。这一方法有望更全面地利用辅助文本的丰富语义信息,从而改善知识图谱的表示,为各种应用任务带来更为强大的工具和方法。

### 4.2.2 图神经网络

图神经网络最近受到广泛关注。GCN[18]已经显示出了其在嵌入图结构方面的强大能力,通过使信息从相邻节点传播来实现这一功能。最近的研究利用GCNs来编码实体/标记之间更复杂的成对关系。已经证明有丰富多样的自然语言处理问题可以通过图结构最好地表达[12]。一些研究如Yao等[13]提出了基于GCN的模型,将文档和单词视为图的节点,从而实现了文本和单词嵌入的共同学习。而Zhang等[84]则通过在依赖树上应用GCN,有效地提升了关系提取任务的性能。此外,Bastings等[107]采用GCN来编码句子的句法结构,这在机器翻译等任务中发挥了关键作用。

最近的研究趋势也包括了在知识库中应用图神经网络来完成任务,这些方法主要关注于知识图谱(KGs)的结构信息。Schlichtkrull等[21]等研究开始探索如何使用图神经网络来处理知识库中的任务,而不仅仅依赖于KG的拓扑结构。这些研究为NLP领域引入了图神经网络的新思路,为处理各种语义关系和知识表示提供了更多可能性。

在本书中,我们将实体的文本建模为一个图,并应用GCN来获得编码文本信息的信息性实体嵌入,以扩展KGs,缓解结构的稀疏性。

## 4.3 算法模型

在本节中,我们详细描述了我们提出的文本图增强的知识图谱(KG)表示学习模型,即Teger。Teger的核心思想在于充分利用实体的辅助文本信息(如实体的文本描述),将这些文本信息表示成一个文本图,以捕获文本的局部和全局远程语义关系。

Teger模型包括3个主要组成部分:

(1) 三重嵌入(Triplet Embedding):这一部分的主要目标是获取结构化的实体嵌入,而在本节中,我们采用了TransE模型来生成这些嵌入。TransE[72]是一种基于Translation的模型,用于表示知识图谱中的关系。

(2) 辅助文本编码(Auxiliary Text Encoding):这一步骤旨在对辅助文本中的语义信息进行编码,以丰富知识图谱。为了同时捕获实体和单词之间的局部和全局语义关系,首先构建一个文本图,该图的节点包括实体和单词,边表示它们之间的关联。然后,应用图卷积网络(GCN)来聚合相邻节点的语义信息,从而生成实体嵌入。

(3) KG 表示融合(KG Representation Fusion):最后一步是将从 GCN 获得的实体嵌入与三重嵌入集成,这是通过门控机制实现的。这个融合过程有助于减轻知识图谱结构的稀疏性问题,使得 Teger 能够更全面地表示知识图谱。

总之,Teger 模型的核心创新在于将文本信息构建成一个文本图,充分考虑了文本的局部和全局语义关系,这有助于提高知识图谱的表示学习性能。此外,Teger 通过融合知识图谱结构信息,进一步增强了其性能,从而在应对知识图谱稀疏性问题方面具有潜力。图 4-2 提供了 Teger 模型的 3 个关键组成部分的可视化示意。

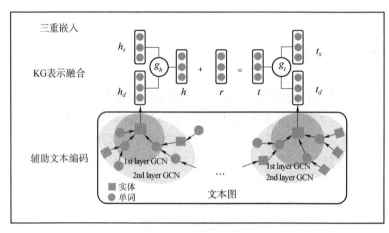

图 4-2 文本图增强知识图谱嵌入的 Tegar 示意图

### 4.3.1 三重嵌入

Teger 是增强现有三重嵌入方法的通用框架。本文以 TransE[72] 为例。形式上,给定一个三元组 $(h,r,t)$,TransE 将实体 $h$、$t$ 和关系 $r$ 映射到相同空间中的嵌入向量 $\boldsymbol{h}$、$\boldsymbol{t}$、$\boldsymbol{r}$,如果 $(h,r,t)$ 成立,则要求嵌入 $\boldsymbol{t}$ 接近于 $\boldsymbol{h}+\boldsymbol{r}$。TransE 的得分函数定义为 $\boldsymbol{h}+\boldsymbol{r}$ 和 $\boldsymbol{t}$ 之间的距离:

$$f(h,r,t) = - \|\boldsymbol{h}+\boldsymbol{r}-\boldsymbol{t}\|_2^2 \qquad \text{式(4-1)}$$

在 TransE 中,$\boldsymbol{h}$ 和 $\boldsymbol{t}$ 都受到归一化约束,即每个向量的幅度为 1。在这种形式中,关系在嵌入空间中用平移表示:如果 $(h,r,t)$ 成立,则尾部实体 $t$ 的嵌入应该接近于头部实体 $h$ 加关系向量 $\boldsymbol{r}$ 的嵌入。

### 4.3.2 辅助文本编码

在本节中,详细介绍了我们提出的辅助文本编码方案,该方案用于从知识图谱(KG)中的实体的辅助文本构建文本图,并利用图卷积编码器来获得编码文本信息的实体嵌入。

**文本图构造**:为了更好地利用辅助文本中的局部和全局语义关系,我们首先构建一个异构的实体-词图(称为文本图),记作 $G=\{V,E\}$。在这个图中,$V$ 表示节点集,包括实体 $\mathcal{E}$ 和单词 $W$,而 $E$ 则代表边的集合。文本图的目的是编码实体和单词之间的局部和全局远程语义关系。具体而言,对于每个实体 $e \in \mathcal{E}$,我们首先选择使用 TF-IDF 值最高的 $K$ 个单词

$w_1,\cdots,w_k$ 来描述该实体,然后在实体 $e$ 和这些选定的单词 $w_1,\cdots,w_k$ 之间构建边。为了进一步捕捉全局语义,如果两个单词对之间的相似度得分高于预定义的阈值 $\delta$,我们会在这两个单词之间建立额外的边。在本书中,我们使用预训练的 Word2Vec 模型在 Google News 数据集上计算单词对之间的相似性得分。图 4-1 为通过辅助文本构建的一个实体-词文本图 $G=\{V,E\}$ 提供了一个示例。

图卷积编码器:一旦构建了文本图,接下来的步骤涉及应用图卷积网络(GCN)以学习实体的表示,从而聚合高阶语义信息。需要注意的是,我们首先使用 TransE 来获取预训练的实体嵌入 $e$,并初始化单词的嵌入 $w$,通过平均实体的 1 跳相邻嵌入来实现,这使得实体和单词在相同的语义空间中进行编码。这样,我们可以直接将 GCN 应用于文本图。

形式上,考虑文本图 $G=\{V,E\}$,其中 $V$ 表示节点集,$E$ 表示边集。我们引入了图 $G$ 的邻接矩阵 $A$ 及其度矩阵 $D$,其中 $A$ 的对角元素设置为 1,具有自循环。我们还引入了特征矩阵 $X$,其中每行对应一个节点的特征向量,即预训练嵌入。所有节点的嵌入更新如下:

$$H^{(l+1)} = \sigma(D^{-\frac{1}{2}} A D^{-\frac{1}{2}} H^{(l)} W^{(l)} + H^{(l)}) \quad \text{式}(4\text{-}2)$$

式中,$H^{(l)}$ 为第 $l$ 层节点的隐藏状态,$\sigma(\cdot)$ 为非线性激活函数。首先,$H^{(0)}$ 设置为 $X$。直观地说,与 $D^{-\frac{1}{2}} A D^{-\frac{1}{2}}$ 相乘意味着,对于每个节点,我们沿着图结构用所有特征向量平滑其特征。$H^{(l)}$ 的添加代表了一个简单的跳跃连接,进一步保存关于中心节点的信息。在经过一个 1 层 GCN 之后,我们得到了一组新的实体嵌入,它从文本图中的邻居中聚合语义。实体嵌入从辅助文本中同时编码局部语义和全局语义,从而丰富了 KG,减轻了其结构的稀疏性。

综上所述,我们的方法通过构建文本图和应用图卷积编码器,实现了从辅助文本中获取实体嵌入的目标。这些嵌入充分考虑了文本的局部和全局语义关系,有望提高知识图谱的表示学习性能。图 4-2 提供了 Teger 模型的两个关键组成部分:文本图构造和图卷积编码器的可视化示意。

## 4.3.3 KG 表示融合

在本节中,我们将描述如何获得结合辅助文本的文本信息和三重态的结构信息的最终 KG 嵌入。

具体来说,由于我们编码了辅助文本,$e_s$(基于 TransE/ConvE)编码了结构信息(即三联体),我们采用了可学习的门控功能[80]来整合来自两个来源的实体嵌入。正式地,

$$e = g_e \odot e_s + (1-g_e) \odot e_d \quad \text{式}(4\text{-}3)$$

式中,$g_e$ 是一个门控向量,用来权衡来自 $[0,1]$ 中的两个源的所有元素的信息,而 $\odot$ 是元素级乘法。我们给每个实体 $e$ 分配一个门向量 $g_e$,这意味着实体 $e$ 的 $e_s$ 和 $e_d$ 的每个维度都用不同的权值求和。为了约束每个元素的值在 $[0,1]$ 中,我们用 $s$ 型函数计算门:

$$g_e = \sigma(\tilde{g}_e) \quad \text{式}(4\text{-}4)$$

式中,$\tilde{g}_e$ 是一个实值向量,并在训练过程中学习。在将这两种类型的嵌入与门控功能融合后,我们得到了最终的实体嵌入,它编码了辅助文本的文本信息和 KG 中的三联体的结构信

息。与现有的三重嵌入方法相比,Teger 通过利用从辅助文本中提取的局部和全局语义关系,对 KG 进行了扩展,以缓解 KG 的稀疏性问题。

### 4.3.4 端到端模型培训

我们通过最小化以下损失函数 $L$,以端到端方式训练模型参数,包括 GCN 的权重矩阵、门控向量和单词、实体和关系嵌入:

$$L = \sum_{(h,r,t) \in S} \sum_{(h',r',t') \in S'} \max(\gamma + f(h,r,t) - f(h',r',t'), 0) \quad \text{式}(4\text{-}5)$$

式中,$S$ 是正确的三联体的集合,$S'$ 是不正确的三联体的集合,$c$ 是正确和不正确的三联体之间的边界。三联体集 $S'$ 是 $S$ 的负抽样集,通过将正确的三联体替换为 $S$ 的头部或尾部实体。我们遵循抽样策略"bern"[85]来生成负样本。这种基于边际的排名损失可能会促使正确三元组和错误的三元组之间产生较大差异。一个三元组 $(h,r,t)$ 的评分函数 $f(h,r,t)$ 定义为

$$f(h,r,t) = \| (\bm{g}_h \odot \bm{h}_s + (1-\bm{g}_h) \odot \bm{h}_d) + \bm{r} - (\bm{g}_t \odot \bm{t}_s + (1-\bm{g}_t) \odot \bm{t}_d) \|_2^2$$

$$\text{式}(4\text{-}6)$$

式中,$\bm{g}_h$ 和 $\bm{g}_t$ 分别为实体 $h$ 和 $t$ 的门控向量。我们使用 Adam[108]进行模型优化。

## 4.4 实验及分析

在本节中,我们评估了我们提出的方法 Teger 在链路预测和三重分类任务上的性能,与最先进的基线方法相比。

### 4.4.1 实验设置

我们的方法 Teger 在两个不同的知识库数据集上进行了评估,分别是 FB15K 和 WN18[72]。FB15K 是 Freebase[74]的一个子集,而 WN18 则是 WordNet 的一个子集。这两个数据集都包含了每个实体的文本描述,而我们正是利用这些文本描述作为辅助文本来提升知识图谱表示学习的性能。

具体来说,WordNet 是一个庞大的英语词汇数据库,其中每个实体都对应于一个同义词集,由多个单词组成,每个同义词集对应于不同的词义。Freebase 则是一个包含有关一般世界事实的大型知识图谱。FB15K 是从维基百科页面中提取每个实体的简短描述而构建的,由 Xie 等[81]提供。在 FB15K 数据集中,实体描述的平均长度为 69 个单词,去除了停用词。而在 WN18 数据集中,实体描述相对较短,平均包含 13 个单词。有关这些数据集的详细统计信息,如表 4-1 所示。

需要注意的是,对于那些没有实体描述的知识图谱实体,我们可以将实体作为查询,使用搜索引擎来提取描述查询的短文本片段。作为基准,我们将 Teger 与当前最先进的知识图谱嵌入方法进行了比较,并以下文将结果详细列出。

表 4-1 数据集统计信息

| Dataset | # Relationship | # Entity | # Word | # Train | # Valid | # Test |
|---|---|---|---|---|---|---|
| FB15K | 1 341 | 14 904 | 28 383 | 472 860 | 48 991 | 57 803 |
| WN18 | 18 | 40 493 | 30 519 | 141 442 | 5 000 | 5 000 |

在我们的实验中,我们进行了多种比较,首先是基于知识图谱(KG)的基本模型,这些模型在没有文本信息的情况下学习 KG 表示。以下是一些我们比较的基本模型。

(1) TransE[72]:TransE 是一个经典的基于翻译的知识图嵌入模型,由 Bordes 等人于 2013 年提出。

(2) Unstructured(UnS)[109]:UnS 是 TransE 的一个简化版本,其中所有关系 $r$ 的嵌入都被设置为零,由 Bordes 等人于 2012 年提出。

(3) TransH[85]:TransH 是对 TransE 的改进,通过引入关系特异性超平面来提高性能,由 Wang 等人于 2014 年提出。

(4) TransR[78]:TransR 是另一个改进版的 TransE,它引入了特定关系的嵌入空间,由 Lin 等人于 2015 年提出。

(5) TransD[86]:TransD 进一步简化了 TransR,通过将投影矩阵分解为两个向量的乘积,由 Ji 等人于 2015 年提出。

(6) SME(Structured Model with Embeddings)[110]:SME 使用基于相似度的评分函数与神经网络架构,由 Bordes 等人于 2013 年提出。SME 有两个版本,线性版本(SME_Linear)和双线性版本(SME_Bilinear)。

此外,我们还将我们的模型 Teger 扩展到最先进的 ConvE[94]方法,ConvE 使用卷积网络模型作为评分函数。我们将这个扩展后的模型称为 Teger_ConvE,并将其与 ConvE 进行比较。除了基本模型之外,我们还考虑了文本增强模型文本增强。模型结合了文本信息以进行知识图谱(KG)表示学习。我们将我们的模型 Teger 与基于 TransE 的最先进的文本增强模型进行了比较,包括 Xu 等[80]的 J(LSTM)/J(A-LSTM)和 An 等[79]的 AATE_E。J(LSTM)/J(A-LSTM)使用 LSTM 或基于注意力的 LSTM 来编码描述信息。AATE_E 则使用基于互相注意力的 LSTM 来从实体描述信息和英语维基百科页面中学习文本嵌入。

在我们的实验中,我们进行了广泛的参数设置,以确保获得最佳性能。以下是我们选择的一些参数和它们的不同取值。

阈值 $\delta$ 选择自:$\{0.2,0.4,0.6,0.8\}$,每个实体中的前 $K$ 个单词选择自:$\{5,10,15,20\}$,间隔 $\gamma$ 选择自:$\{1,2,4\}$,嵌入维度 $d$ 选择自:$\{20,40,100\}$,学习率 $\lambda$ 选择自:$\{0.000\ 1,0.001,0.01,0.1\}$,批量大小 $b$ 选择自:$\{1\ 000,3\ 000,5\ 000,10\ 000\}$,GCN 层的数量 $L$ 选择自:$\{1,2,3\}$。在 GCN 中,激活函数 $\sigma(\cdot)$ 被设置为 $\tanh(\cdot)$。通过在验证集上进行实验,我们获得的最佳配置如表 4-2 所示。

表 4-2 参数设置

| Parameter | Value | |
|---|---|---|
| | FB15K | WN18 |
| Top $K$ words | 5 | 5 |

续表

| Parameter | Value | |
|---|---|---|
| | FB15K | WN18 |
| Threshold $\delta$ | 0.6 | 0.6 |
| Margin $\gamma$ | 4 | 4 |
| Embedding dimension $d$ | 100 | 40 |
| Learning rates $\lambda$ | 0.000 1 | 0.000 1 |
| Batch size $b$ | 10 000 | 3 000 |
| Layers of GCN $L$ | 2 | 2 |

## 4.4.2 链路预测

链接预测是知识图完成的子任务,其目标是预测三元组$(h,r,t)$中缺失的实体$h$或$t$。对于每个缺失的实体,该任务是从知识图中提供一个候选实体的排名列表,而不仅仅是猜测最佳答案。与Bordes等[72]一样,我们在FB15K和WN18上进行了实验。

由于知识图中只有正确的三元组,我们通过使用伯努利采样[85]随机替换头/尾实体为其他实体,构建了三元组的损坏版本$(h',r,t')$。然后,我们通过评分函数$f$对这些实体按降序排名。给定实体排名列表,我们采用两个评估指标[85]:正确实体的平均排名(MR)以及前10个排名最高的实体中的正确实体的比例Hits@10。损坏的三元组可能也存在于知识图中,这样的预测不应被视为错误。因此,与Bordes等[85]一样,我们在获取排名列表之前删除了那些出现在训练、验证或测试集中的损坏三元组。总体结果如表4-3所示。

表4-3 链接预测结果

| Models | WN18 | | FB15K | |
|---|---|---|---|---|
| | MR↓ | Hits10↑ | MR↓ | Hits10↑ |
| UnS | 304 | 38.2 | 979 | 6.3 |
| SME(linear) | 533 | 74.1 | 154 | 40.8 |
| SME(bilinear) | 509 | 61.3 | 158 | 41.3 |
| TransH | 303 | 86.7 | 84 | 58.5 |
| TransR | 225 | 92.0 | 77 | 68.7 |
| TransD | 212 | 92.2 | 91 | 77.3 |
| TransE | 251 | 89.2 | 125 | 47.1 |
| AATE_E | 123 | 94.1 | 76 | 76.1 |
| J(LSTM) | 95 | 91.6 | 90 | 69.7 |
| J(A-LSTM) | 123 | 90.9 | 73 | 75.5 |
| Teger_TransE | 168 | 94.7 | 72 | 76.3 |
| ConvE | 374 | 95.6 | 51 | 83.1 |
| Teger_ConvE | 336 | 95.6 | 47 | 85.1 |

表 4-3 的总体结果表明,我们的 Teger_TransE 模型在链路预测任务中相对于经典的 TransE 模型表现明显更好。这结果表明了知识图表示学习任务可以受益于从实体的文本描述中获得的额外语义信息。尤其值得注意的是,Teger_TransE 在没有引入注意机制的情况下,相对于其他基于 TransE 的文本增强方法,表现更加卓越。这也暗示了 Teger 模型对辅助文本的语义信息利用更加高效。

进一步的分析表明,Teger_TransE 的性能改进相对于 J(LSTM) 和 J(A-LSTM) 模型,这是使用相同实体的另外两种模型,进一步证明了 Teger 对辅助文本语义的更好利用。这一性能提升可以归因于 Teger 模型构建的文本图,该图捕获了实体与单词之间的全局关系。

此外,Teger_TransE 的性能还优于 AATE_E[111],后者使用了与实体相对应的维基百科文章,这些文章通常包含较长的文本信息。这进一步表明了 Teger 模型在有效地利用有限文本信息方面的效力。未来的研究工作可以探索如何更好地利用这些较长的文本信息。

表 4-3 还显示,Teger_TransE 在性能上与 TransD 和 ConvE 等最先进的模型相媲美。值得注意的是,我们的 Teger 框架可以与这些模型结合,进一步提高它们的性能。特别值得一提的是,我们将 Teger 扩展到最佳基线模型 ConvE,结果发现 Teger_ConvE 在两个数据集上均表现更好,这证实了我们的文本图增强的 KG 嵌入模型的有效性。

需要指出的是,Teger 模型是基于实数向量空间的,因此无法直接扩展到基于复杂向量的模型,如 RotatE[88]。将来的工作可以探索如何将我们的模型扩展到复杂向量空间。在 WN18 数据集上,Teger_TransE 的平均排名(MR)可能不如最先进的模型,这可能受到极端情况的影响。然而,我们的模型在 Hits@10 指标方面表现较好,这可能是因为某些实体的描述非常短,包含很少的信息,从而限制了在知识图中的语义传播。

在进一步分析我们的模型 Teger_TransE 在不同关系类型上的表现时,跟随 Bordes 等[72] 和 Han 等[112],我们将关系分为 4 种类型:1 比 1、1 对 $N$、$N$ 对 1 和 $N$ 对 $N$,这些比例分别在 FB15K 数据集中占 26.3%、22.7%、28.2% 和 22.8%。表 4-4 所示为 Teger_TransE 在这 4 种链接预测任务上的结果。

从表 4-4 的实验结果来看,我们的 Teger_TransE 模型在大多数情况下表现最佳。不仅包括了 AATE_E、J(LSTM) 和 J(A-LSTM) 等模型,它们都是 TransE 的扩展版本,用于融合辅助文本的性能,都明显优于传统的 TransE 模型。这些结果进一步证明了文本信息可以有效地丰富知识图谱的语义,减轻其结构稀疏性,有助于更好地学习知识图谱的嵌入表示。

表 4-4 FB15K 按关系类别分类的结果

| Tasks | Prediction Head(Hist@10) | | | | Prediction Tail(Hits@10) | | | |
| --- | --- | --- | --- | --- | --- | --- | --- | --- |
| Relationship Category | 1-to-1 | 1-to-N | N-to-1 | N-to-N | 1-to-1 | 1-to-N | N-to-1 | N-to-N |
| TransE | 43.7 | 65.7 | 18.2 | 47.2 | 43.7 | 19.7 | 66.7 | 50.0 |
| TransH | 66.8 | 87.6 | 28.7 | 64.5 | 65.5 | 39.8 | 83.3 | 67.2 |
| TransD | 86.1 | 95.5 | 39.8 | 78.5 | 85.4 | 50.6 | 94.4 | 81.2 |
| AATE_E | — | 96.1 | 35.2 | 49.1 | — | 32.2 | 98.3 | 60.3 |
| J(LSTM) | 81.3 | 88.9 | 18.8 | 45.2 | 80.1 | 25.4 | 89.6 | 52.4 |
| J(A-LSTM) | 83.8 | 95.1 | 21.1 | 47.9 | 83.0 | 30.8 | 94.7 | 53.1 |
| Teger_TransE | 87.3 | 96.3 | 54.1 | 75.9 | 84.9 | 54.9 | 95.5 | 79.1 |

值得特别注意的是，相对于传统的TransE模型，我们的Teger_TransE实现了显著的性能提升。这表明，通过GCN有效地利用短文本描述中的语义关系，我们能够学习到更高质量的知识图谱嵌入。此外，Teger_TransE在几乎所有关系类别上都优于其他基于TransE的文本增强模型。我们认为，这是因为Teger更好地利用了辅助文本的语义信息，将文本建模为一个图，捕获了实体和词之间的局部和全局远程语义关系。

综上所述，我们的Teger_TransE模型在各种关系类型下都实现了显著的性能提升，这证实了它在知识图谱表示学习中的有效性和通用性。

### 4.4.3 三元组分类

在这一部分，我们对三元组分类任务进行了评估，该任务的目标是确认给定三元组$(h, r, t)$是否正确。按照Socher等[83]和Han等[112]的方法，我们通过替换实体来创建负面三元组。对于三元组$(h, r, t)$的分类，当三元组的得分大于或等于预定义的阈值$T_r$时，我们将其分类为"正确"。关系$r$的阈值$T_r$是通过在验证集上最大化分类准确率来确定的。

表4-5所示为在FB15K和WN18上进行的三元组分类的结果。正如我们所看到的，在FB15K上，所有文本增强方法都优于仅基于结构信息的三元组嵌入方法。此外，所有基于TransE的文本增强模型，包括J(LSTM)、J(A-LSTM)以及我们的Teger_TransE，在两个数据集上都明显优于TransE。这些观察结果证明了利用辅助文本丰富知识图嵌入的有效性。我们的模型Teger_TransE在WN18上表现最佳，但在FB15K上表现较差。原因可能是WN18中的实体描述较短，更容易受益于全局语义信息。

综上所述，我们在三元组分类任务上的结果显示，文本增强方法能够显著提高知识图嵌入的性能，特别是在处理具有不同长度实体描述的不同数据集时，选择适当的文本增强方法非常重要。

表4-5 三元组分类的结果

| Datasets | WN18 | FB15K |
| --- | --- | --- |
| TransE | 92.9 | 79.8 |
| TransH | — | 79.9 |
| TransR | — | 82.1 |
| TransD | — | 88.0 |
| J(LSTM) | 97.7 | 90.5 |
| J(A-LSTM) | 97.8 | 91.5 |
| Teger_TransE | 98.1 | 89.5 |

## 4.5 本章总结

本章引入了一种全新的知识图表示方法，被称为Teger，旨在有效地丰富知识图嵌入的语义信息。Teger采用了端到端的方法，充分利用了从辅助文本中提取的信息。首先，我们将这些辅助文本构建成一个文本图,然后运用图卷积网络(GCN)来聚合相邻信息,从而获取更富含实体和单词之间的局部和全局语义关系的实体嵌入。这个过程有效地捕获了文本信息的丰富性。接下来,通过引入一个门控机制,将 GCN 生成的嵌入与已有的基于三元组的知识图嵌入相结合,以填补知识图的结构稀疏性。

经过在两个广泛使用的基准数据集上进行的实验证明,Teger 相对于现有的文本增强方法表现出更好的性能。通过将辅助文本建模成一个图,并有效地整合文本信息,Teger 成功地提高了知识图的嵌入质量。未来的研究方向包括考虑文本中可能存在的噪声,以及应用图注意网络对文本图进行更细致的编码,以进一步提高性能。此外,将 Teger 扩展到复杂向量空间也是一个潜在的有趣方向,以适应更复杂的嵌入模型。这些努力将有望进一步提升知识图表示学习的效力和适用性。

# 第 5 章

# 基于图的实体识别

实体消歧（Entity Disambuguation，ED）旨在自动将文档中对实体的提及（mention）解析为给定知识库中的相应条目。最先进的实体消歧方法通常利用局部的语境信息和全局一致性信息，进而获取提及的嵌入，提及表示进一步与候选实体的嵌入进行比较。上述方法的一个固有缺陷在于，同一文档中的候选实体之间的全局语义关系未得到充分利用。

在本章中，为了解决上述问题，我们提出了一种新颖的端到端的图神经实体消歧模型，该模型可以充分利用全局语义关系。具体来说，首先为文档构造异构的实体-词图，对文档中的候选实体之间的全局语义关系进行编码。然后将图卷积神经网络（GCN）应用于实体-词图，动态地生成一组新的由相关实体和单词的语义信息来增强的实体嵌入，这些动态生成的实体嵌入使模型具有增强的全局语义一致性。在 GCN 之上，采用条件随机场（CRF）来联合实体消歧的局部和全局信息。大量实验证明了我们的方法相对于一些最先进的实体消歧方法的效率和有效性。

## 5.1 引　　言

实体消歧是将文档中的实体提及映射到给定知识库（Knowledge Base，KB）中的对应实体上的任务。例如，考虑图 5-1，其中提及 Albert Park 可以指 KB 中的两个实体 Albert Park Auckland 和 Albert Park Victoria 中的一个，实体消歧系统应该具有识别正确的实体 Albert Park Auckland 而非其他候选实体的能力。实体消歧在自然语言理解中起着重要作用，对实体消歧的研究促进了其他各种任务的进步，如信息抽取[113,114]、问答[115-117]、文本分类[32,118]以及新闻推荐[119]。

实体消歧任务的主要挑战之一在于设计一个良好的排序模型（ranking model），该模型根据文档和 KB 中的信息计算候选实体和相应实体提及之间的合理相关性得分[120-122]。关于实体消歧的现有研究主要侧重于利用两种类型的信息来进行消歧：局部信息和全局信息。局部信息指实体提及周围窗口内的上下文单词[123-126]，这些单词通常有噪声。全局信息指的是同一文档[127,128]中多个实体的语义连贯性。最先进的方法将全局信息与局部信息相结合，以纠正局部上下文的偏差[129,130]。

尽管全局连贯性信息有助于在一定程度上纠正局部上下文中的偏差,但并不能消除所有这些偏差。再次以图 5-1 为例,最先进的方法没有成功将提到的 Albert Park 映射到正确的实体 Albert Park Auckland。原因是实体 New Zealand 和 Albert Park Victoria 的表示相比 New Zealand 和 Albert Park Auckland 之间的表示更为相似,因为前面的第一对实体在预训练语料中有更相似的上下文词。尽管 Albert Park Auckland 和 Auckland Art Gallery 之间的全局连贯性大于 Auckland Art Victoria 和 Auckland Art Gallery 之间的连贯性,但这种差异不足以纠正其较小的相似性带来的偏差。但是,如果我们在文档中的所有实体之间建立关系图(如图 5-1 的底部所示),来自 Auckland Art Gallery 和其他词汇的语义信息将传到提及 Albert Park 处,使其与正确的实体建立链接。

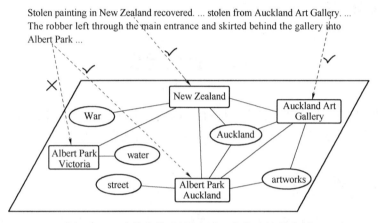

图 5-1 一个将实体-词图应用于实体消歧的范例

受上述直觉的启发,我们提出了一种图神经实体消歧模型 GNED(Graph Neural Entity Disambiguation)。首先,如图 5-1 所示,我们动态构造异构实体-词图以编码同一文档中的实体之间的关系。其次,在实体-词图上,我们使用图卷积神经网络(GCN)来在相邻实体和单词之间传播语义信息,从而产生一组新的增强实体表示。增强实体表示将来自其他实体的语义信息合并到预先训练的实体表示中,使得它们更能提供有用信息并且具有更少的偏差。然后,在 GCN 上层,我们使用条件随机场(CRF)结合了局部和全局信息以进行实体消歧。采用循环信念传播近似 CRF 推断。整个模型可以使用 Adam 优化器,以端到端的方式进行训练。

在上述流程中,GCN 产生的语义丰富实体嵌入允许下游 CRF 更好地消除候选实体之间的歧义,并实现更高的实体消歧精度。例如,New Zealand 的增强实体表示更接近 Albert Park Auckland,帮助我们的模型选出正确答案。值得注意的是,实体-词图是针对每个文档动态构建的,因而可将未出现文档中的特定语义结构引入到预训练的实体嵌入中,使我们的模型在测试阶段易于适应新文档。

在我们的模型中,GCN 和 CRF 的贡献是互补的。虽然我们模型中的下游 CRF 组件也尝试使用全局实体一致性来纠正预训练的实体嵌入中的偏差,但它不会在推理期间增强实体表示,而只是更新映射到候选实体概率分布。

由于 CRF 是完全连接的成对 CRF,来自相关实体的全局信息通过成对势函数合并,这是相当有限且不灵活的。此外,CRF 推断不考虑公共的上下文单词,其可以用作实体之间的语义桥接以帮助消除候选实体的歧义。

总而言之，我们的贡献有以下三方面：

（1）据我们所知，这是为每个文档构建异构实体-词图的第一项工作，包括实体和单词之间的语义关系，并采用 GCN 将语义信息聚合为增强的实体嵌入以改进实体消歧；

（2）增强的实体嵌入也具有分布式表示的优点，从而进一步提高下游 CRF 的推理精度，而且整个模型可以以端到端的方式进行训练。

（3）在标准数据集的广泛实验结果证明了我们的模型与一些最先进的方法相比具有效率和有效性。

本章的其余部分安排如下：我们首先介绍了实体消歧问题的背景，然后提出了我们的图神经实体消歧模型。然后，我们在几个常用的基准数据集上描述实验并分析实验结果。最后，我们得出结论并指出未来的研究方向。

## 5.2 研究背景

在本节中，我们首先给出了实体消歧的定义。然后，介绍神经实体消歧的预备步骤，例如预训练实体嵌入。最后，对现有的局部和全局实体消歧模型进行了简要回顾。

### 5.2.1 命名实体消歧

命名实体消歧（或简称"实体消歧"）旨在将文档中的提及映射到给定知识库中的对应实体。形式上，给定包含一组提及$(m_1,\cdots,m_n)$的文档$d$，实体消歧将每个提及$m_i$映射到知识库中的实体$e_i$，或当知识库中没有对应条目时映射到 NILL（即$e_i=$NILL）。由于知识库非常大，因此需要一个标准的预处理步骤去获得候选实体。通常，我们使用启发式方法来选择潜在候选实体，删除极不可能的条目。

在获取较小的一组候选实体$C_1=(e_{i_1},\cdots,e_{i_m})$之后，实体消歧的任务被简化为排序问题，在此过程中计算提及和候选实体的相关性得分。排名最高的候选实体将被视为提及所对应的实体。在介绍包含局部和全局模型的排名模型之前，我们先介绍预备步骤，也就是预训练实体嵌入。

### 5.2.2 预训练实体嵌入

预训练实体嵌入的目标是学习实体嵌入向量，其紧凑地编码实体的语义，从而避免严重依赖于专家知识的手工制作的特征。大多数现有工作使用实体-实体共现统计来学习实体嵌入，这类实体嵌入方法受到稀疏性问题的影响[131-133]。为了解决这个问题，Ganea 和 Hofmann[129]提出了一种基于预训练词嵌入的新的实体嵌入方法。遵循先前的工作[129]，我们基于预训练的词嵌入学习实体的嵌入。

具体而言，该方法包括两个步骤。第一步是使用 Word2Vec 获得预先训练的词嵌入$x_w$。然后，它通过假设一个生成式的模型来学习基于词嵌入$x_w$的实体嵌入$x_e$，其中与实体$e$共同出现的词从条件分布$p(w|e)\propto \#(w,e)$中采样。在这一过程中，我们使用两个来自

两个来源的信息计算词和实体的共现次数 $\#(w,e)$：① 来自知识库（例如，维基百科）的实体描述页面；② 围绕提及的固定大小的上下文窗口标注语料库中的实体（例如，维基百科超链接）。形式上，通过优化最大边际目标来学习实体嵌入，如下所述：

$$J(z;e)=E_{w^+|e}E_{w^-}\text{-ReLU}(\gamma-<z,x_{w^+}-x_{w^-}>) \qquad 式(5\text{-}1)$$

$$x_e=\text{argmax}_{z:\|z\|=1}J(z;e) \qquad 式(5\text{-}2)$$

式中，$\gamma$ 是边际参数（我们设置 $\gamma=0.01$），并且 $w^+$ 和 $w^-$ 是词和实体的条件概率分布 $p(w|e)$ 采样的正例和负例。使用如上方法学习嵌入之后，我们将单词和实体投影到相同的低维向量空间中。然后我们可以直接利用它们之间的几何关系。现有的实体嵌入方法需要实体-实体共现，这往往会受到稀疏性的影响[131]。此方法实体描述页面和来自维基百科的超链接标注的局部上下文来引导实体嵌入，使得训练更加有效，并且不需要统计实体与实体之间的共现。

## 5.2.3 局部与全局模型

局部模型侧重于提及的局部上下文，完全忽略了文档中不同实体之间的一致性。相比之下，全局模型不仅使用局部上下文，而且考虑整体上的实体一致性。

**局部模型** 形式上，让 $c_i$ 作为提及 $m_i$ 的局部上下文，而 $\psi(e_i,c_i)$ 作为评估候选实体 $e_i$ 和提及 $m_i$ 相关性的局部评分函数。然后，局部模型[124,134,135]通过如下搜索解决实体消歧问题：

$$e_i^*=\text{argmax}_{e_i\in C_i}\psi(e_i,c_i),i\in\{i,\cdots,n\} \qquad 式(5\text{-}3)$$

**全局模型** 全局模型使用局部上下文信息 $\psi(e_i,c_i)$ 和全局的实体一致性 $\phi(e_i,e_j)$。旨在解决把文档中的所有提及映射到对应的实体上：

$$E^*=\text{argmax}_{E\in C_1\times\cdots\times C_n}\sum_{i=1}^n\psi(e_i,c_i)+\sum_{i\neq j}\Phi(e_i,e_j) \qquad 式(5\text{-}4)$$

式中，$E=\{e_1,e_2,\cdots,e_n\}$。

全局模型的精确解码是 NP 难问题[136]。人们提出了一些近似算法来解决这一挑战。例如，Globerson 等[137]提出了一个星形模型，将其分解成 $n$ 个解码问题（每个实体 $e_i$ 对应一个解码问题）进行近似。Ganea 和 Hofmann[129]则应用了基于消息传递的循环信念传播[138]。

现有的局部和全局模型研究可分为两类。一类研究通过复杂的特征工程提取有用的特征。例如，Ratinov 等[139]计算出维基百科标题和局部上下文之间的余弦相似性，作为局部分数的一个特征。对于全局信息（以成对得分的形式），他们会探索关于维基百科页面之间链接的信息。另一类采用了表示学习，从而避开了手工设计特征。他们根据所学的单词和实体的嵌入来计算局部相关性得分[127,129,130,135]。此外，Ganea 和 Hofmann[129]已经证明，这种方法可以在标准基准数据集上产生目前最好的准确度。

尽管现有的全局模型考虑了同一文档中实体的全局一致性，但它们在某些情况下会失效，因为它们没有充分利用同一文档中实体之间的语义关系。特别地，基于 CRF 的最先进模型[129,130]未能在实体嵌入过程中编码实体之间的全局语义关系。NCEL[140]通过连接每个实体与同一文档中的其顶部相似候选实体来构建每个实体的子图，并通过聚合相邻的相似实体嵌入来更新实体嵌入。然而,它们未能充分利用实体之间的全局语义关系以及连接不同实体之间语义的相关词汇。此外,NCEL 没有使用 CRF 进行实体消歧,这可能导致全局一致性信息的丢失。

在本章中,为解决上述问题,我们提出了一种新颖的端到端图神经实体消歧模型,首先构建异构的实体-词图,对同一文档中的候选实体之间的全局语义关系进行建模。然后,我们的模型应用 GCN 生成新的实体嵌入,编码全局语义关系,最后将其送到 CRF 进行实体消歧。

## 5.3 算法模型

本节介绍我们的图神经实体消歧(GNED)模型。如图 5-2 所示,首先构建文档的异构实体-词图以包含文档中的实体之间的关系。然后将 GCN 应用于实体-词图,动态地生成一组新的实体嵌入,新的实体嵌入用来自相关实体和单词的语义信息来增强。这些相关实体的动态实体嵌入在嵌入空间中变得更近,从而增加了实体的全局一致性。在 GCN 之上,采用 CRF 来组合集体实体消歧的局部和全局信息。

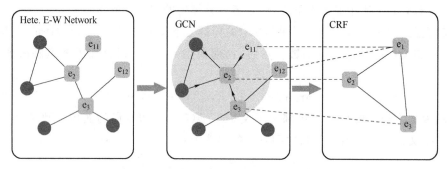

图 5-2　GNED 模型

### 5.3.1　构建实体-词图

我们在这里介绍第一部分,即实体-词图的构建。为了对同一文档中提及的候选实体之间的全局语义关系进行建模,我们为每个文档构建了一个异构实体-词图。图在建模复杂关系方面已经显示出了有效性。

如图 5-1 所示,实体-词图包含两种节点:实体和单词。实体节点对应于文档中提及的候选实体。单词节点是描述来自知识库(本章中使用维基百科)的实体的相关词汇。这些单词可以扩展不同实体之间的语义信息,减轻语义稀疏性。我们将详细说明实体-词图的构建方式如下:

① 候选实体的选择。根据之前的研究[129],我们仅考虑在知识库(例如维基百科)中有实体的提及。对于每个提及 $m_i$,我们使用提及-实体先验概率 $p(e|m_i)$ 选择了最高的 30 个候选实体,这是通过对来自维基百科的提及实体超链接计数和大型网络语料库的概率平均计算得到的。然后,我们只保留其中的 7 个实体,包括具有最高 $p(e|m_i)$ 的 4 个候选实体以及根据式(5-7)选择的前 3 个实体。

② 相关词的整合。对于每个候选实体,我们通过连接来自知识库的标准实体描述页面(在我们的案例中是维基百科上的实体页面),以及包含提及实体周围具有固定大小的上下文窗口的伪文档来构建伪文档。注意,伪文档还用于预训练实体嵌入,如第 5.3.2 节所述。由于 TF-IDF 已被证明在从文本中捕获关键信息方面是有效的,我们从这样的伪文档中提取具有最高 TF-IDF 值的前 $K$ 个单词作为最相关的单词。

③ 实体和词之间的关系。对于每个候选实体,我们根据伪文档中具有最高 TF-IDF 值的前 $K$ 个相关词将其与相关词连接起来。对于词之间的关系,若它们的相似度分数(基于使用 Word2Vec 预训练的词嵌入计算)大于预定义的阈值 $\tau$,我们就在它们之间添加边。我们还在相似实体之间添加边。具体而言,对于每个实体,我们找到与其相似度最大的前 $P$ 个实体,并在此实体和前 $P$ 个相关实体之间添加边。两个实体之间的相似度分数是根据第 5.3.2 节中所述的预训练实体嵌入计算得出的。请注意,我们不允许在同一提及的候选实体之间建立边,因为它们具有不同的语义含义,应当保持独立。

在上述步骤之后,我们创建了一个文档特定的异构实体-词图 $G=\{V,E\}$,其中 $V$ 是包含实体和单词的节点集合,$E$ 表示它们的关系集合。该图对同一文档中的候选实体之间的语义关系(包括直接或间接关系)进行编码。

## 5.3.2 应用在实体-词图上的 GCN

在构建特定于文档的异构实体-词图 $G=\{V,E\}$ 之后,我们的模型采用 GCN 通过聚合来自其相邻节点的信息来学习更好的实体表示。因此,我们的模型考虑了整个文档的全局语义。学到的实体嵌入的一个特殊属性是它们是动态生成的,因此它根据不同的文档、不同的实体-词图而变化。利用该方法,可以更好地利用同一文档中的实体之间的语义关系,并增强其全局一致性。

GCN[18,140]一种对结构化数据进行操作的神经网络模型。它将图作为输入并学习节点的嵌入。作为频谱图卷积的简化,GCN[18] 的主要思想类似于传播模型:将相邻节点的表示结合到每个节点嵌入中。在本章中,我们可以直接将 GCN[18] 应用于异构实体-词图,因为字和实体的输入嵌入在同一空间中(如 5.3.2 节所述)。形式上,给定实体-词图 $G=\{V,E\}$,其中 $V$ 和 $E$ 分别表示节点(实体和词)和边的集合。设 $X \in R^{M \times N}$ 是包含所有节点的预训练嵌入矩阵(每行是节点 $v$ 的特征向量 $x_v$),所有节点的嵌入 $H^{(l+1)}$ 更新如下:

$$H^{(l+1)} = \sigma(AH^{(l)}W^{(l)}) \qquad 式(5\text{-}5)$$

式中,$A$ 是具有自连接的输入图的对称归一化邻接矩阵,$H^l$ 和 $W^l$ 是第 $l$ 层中的隐藏状态和权重,$\sigma$ 是非线性激活,例如 ReLU。最初,$H^0$ 设置为 $X$。为了使模型能够保留前一层的信息,我们在隐藏层之间添加了残差连接:

$$H^{(l+1)} = \sigma(AH^{(l)}W^{(l)}) + H^{(l)} \qquad 式(5\text{-}6)$$

在通过 $L$ 层 GCN 之后,我们得到一组新的文档特定实体嵌入 $x_e$,它们在实体-词图中聚合来自其邻居的语义。

### 5.3.3 CRF 用于实体消歧

在 GCN 之上,在之后,我们使用式(5-7)来定义用于集体实体消歧的完全连接的成对条件随机场(CRF)。它考虑了同一文件中实体的全局一致性。形式化定义如下:

$$g(e,m,c) \propto \exp\left\{\sum_{i=1}^{n}\psi(e_i) + \sum_{i<j}\Phi(e_i,e_j)\right\} \qquad \text{式(5-7)}$$

式中,一元因子和成对因子分别是方程式中描述的局部得分 $\psi(e_i) = \psi(e_i,c_i)$ 和全局得分 $\phi(e_i,e_j)$,这两个因子被定义为

$$\psi(e_i,c_i) = \boldsymbol{x}_{e_i}^T \boldsymbol{A} f(c_i) \qquad \text{式(5-8)}$$

$$\Phi(e_i,e_j) = \frac{1}{n-1}\boldsymbol{x}_{e_i}^T \boldsymbol{B} \boldsymbol{x}_{e_j} \qquad \text{式(5-9)}$$

式中,$\boldsymbol{x}_{e_i}$ 和 $\boldsymbol{x}_{e_j}$ 是实体 $e_i$ 和 $e_j$ 的嵌入,$\boldsymbol{A}$ 和 $\boldsymbol{B}$ 是对角矩阵。映射函数 $f(c_i)$ 在 $c_i$ 中的上下文单词上应用注意力机制,以获得上下文的特征表示。具体来说,从形式上:

$$f(c_i) = \sum_{w_i \in c_i} \alpha_i \cdot w_i \qquad \text{式(5-10)}$$

我们的目标是对 CRF 执行最大后验推断,以找到最大化 $g(\cdot)$ 的实体集。然而,如上所述,二元 CRF 模型中的训练和预测是 NP 难的。沿着 Ganea 和 Hofmann 的设置,我们还利用最大乘积循环信念传播(LBP)来估计每个实体提及(mention) $m_i$ 的最大边际概率。

$$\hat{g}_i(e_i,m,c) \approx \max_{e_1,\cdots,e_{i-1},e_{i+1},\cdots,e_n} g_i(e,m,c) \qquad \text{式(5-11)}$$

最终对于 $m_i$ 的得分函数定义如下:

$$\rho_i(e) \approx f(\hat{g}_i(e_i,m,c), \hat{p}(e|m_i)) \qquad \text{式(5-12)}$$

式中,$f$ 是一个两层神经网络,$\hat{p}(e|m_i)$ 是针对提及 $i$ 挑选候选实体的先验。

### 5.3.4 模型训练

我们旨在最小化如下排序损失:

$$L(\Theta) = \sum_{D \in \mathcal{D}} \sum_{m_i \in D} \sum_{e \in C_i} h(m_i,e) \qquad \text{式(5-13)}$$

$$h(m_i,e) = \max(0, \gamma - \rho_i(e^*) + \rho_i(e)) \qquad \text{式(5-14)}$$

式中,$\Theta$ 是包含 GCN 的权重矩阵 $\boldsymbol{W}$,对角矩阵 $\boldsymbol{A}$、$\boldsymbol{B}$ 和神经网络 $f$ 的权重的模型参数。$D$ 是属于训练数据集 $\mathcal{D}$ 的文档,$e^*$ 是真实实体。模型使用 Adam 进行优化。

## 5.4 实验及分析

在此部分中,我们在标准数据集上对比当前最优的模型,评估了我们所提出的 GNED 模型的性能[129,130]。

## 5.4.1 数据集

我们在标准数据集上进行了评估。对于域内数据测试,我们使用了 AIDA-CoNLL 数据集[113]。该数据集包括如下几部分:AIDA-train 用于训练,AIDA-A 用于验证,AIDA-B 用于测试,这三部分分别包含 946、216、231 个文档。

对于域外数据测试,我们在 AIDA-train 上对模型进行了训练,然后在 5 个常用的测试数据集上进行了测试:MSNBC、AQUAINT、ACE2004(这些数据集已经清洗并更新[141])。还有 WNED-CWEB,WNED-WIKI,这些数据集是从 ClueWeb 和 Wikipedia[108,142,143]中抽取出来的。前三个数据集相对较小,包含了 20、50 以及 36 个文档。最后两个数据集包含 320 个文档。

在这些数据集中,数据集中的提及已经是给定的。候选实体的选择方式如 5.4.1 节所示。

## 5.4.2 基准模型

本章模型与以下最新方法进行比较:

Ratinov 等[139]通过特征工程定义了局部和全局特征,并使用 ranking SVM 进行最终的消歧。

Hoffart 等[113]构建了提及和候选实体的加权图,并计算了一个密集子图以近似最佳的提及-实体映射。

Cheng 和 Roth[127]将提及之间的关系与来自外部源和统计特征提取的相关特征合并到基于 ILP 的推理框架中,从而全局确定给定文档中提及与标题的最佳分配。

Guo 和 Barbosa[142](WNED)构建了一个提及-实体图,然后在图上执行随机游走,并使用收敛得分进行消歧。正如文献[142]所示,它在 GERBIL 系统上达到了最优的性能。

Ganea 和 Hofmann(2017 年)[129]应用深度学习架构,将 CRF 与展开的可微分消息传递结合,用于全局推理的联合实体消歧。

Le 和 Titov(2018 年)[130]通过考虑成对得分函数中提及的多个关系改进了模型[129]。

值得注意的是,NCEL[140]使用收集到的维基百科超链接而非已标注的数据集进行训练,这与上述现有的最新工作有很大不同。因此,我们不与其进行比较。

与过去的研究一样,我们使用 micro-F1 值(每个提及平均)作为评估指标。

## 5.4.3 参数设置

为了公平比较,按照文献[129,130]的方法,我们在 AIDA-train 上训练模型(多个轮次),在 AIDA-A 上进行验证模型,并在 AIDA-B 和其他数据集上进行测试。在模型优化方面,我们使用 Adam[108],学习率设置为 1e-4,直至验证准确度超过 91% 为止。之后,学习率被设置为 1e-5。在训练过程中,我们使用包含文档中所有提及的可变大小批次,并使用早停策略以避免过拟合。我们的模型的常见超参数设置与先前的工作[129,130]相同。我们选择嵌

入大小 $d=300, \gamma=0.1$。在训练之前，会删除停用词。属于我们模型的其他超参数根据验证集上的实验进行设置。我们选择超参数 $K=10, P=50, \tau=0.3$ 和 $L=2$，这些超参数在验证集上取得了最佳结果。

### 5.4.4 总体结果

主要实验结果如图 5-3 所示。

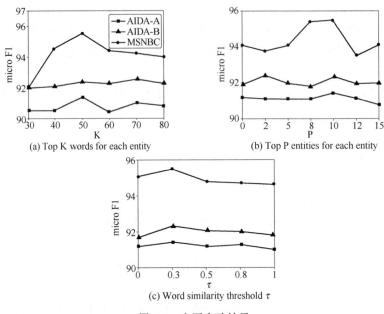

图 5-3 主要实验结果

表 5-1 所示为最新方法和我们的 micro-F1 分数在所有数据集上的表现。我们报告了我们的模型的 5 次平均结果。正如我们所看到的，与每个基线单独比较，我们的图神经实体消歧模型 GNED 在大多数情况下表现更好。我们的模型在包括 MSNBC, QUAINT 和 ACE2004 在内的数据集上获得了最高的 F1 分数。平均而言，我们的模型在最佳先前工作的基础上提高了约 1% 的 F1 分数（t 检验下 $p<0.01$）。总体结果显示了我们提出的图神经实体消歧模型的有效性。

表 5-1 实验结果

| | AIDA-B | MSNBC | AQUAINT | ACE2004 | CWEB | WIKI | AVG |
|---|---|---|---|---|---|---|---|
| Milne and Witten, 2008[144] | — | 78 | 85 | 81 | 64.1 | 81.7 | 77.96 |
| Hoffart et al. 2011[113] | — | 79 | 56 | 80 | 58.6 | 63 | 67.32 |
| Ratinov et al. 2011[139] | — | 75 | 83 | 82 | 56.2 | 67.2 | 72.68 |
| Cheng and Roth, 2013[127] | — | 90 | 90 | 86 | 67.5 | 73.4 | 81.38 |
| Guo and Barbosa, 2016 | 89.0 | 92 | 87 | 88 | 77 | **84.5** | 86.25 |
| Ganea and Hofmann, 2017[129] | 92.22±0.14 | 93.7±0.1 | 88.5±0.4 | 88.5±0.3 | 77.9±0.1 | 77.5±0.1 | 86.38 |
| Le and Titov, 2018[130] | **93.07**±0.27 | 93.9±0.2 | 88.3±0.6 | 89.9±0.8 | 77.5±0.1 | 78.0±0.1 | 86.77 |

续表

|  | AIDA-B | MSNBC | AQUAINT | ACE2004 | CWEB | WIKI | AVG |
|---|---|---|---|---|---|---|---|
| Local model | 88.8 | 92.1 | 86.5 | 86.4 | 74.25 | 74.5 | 83.75 |
| GNED | 92.40±0.13 | **95.5±0.12** | 91.6±0.4 | 90.14±0.28 | 77.5±0.1 | 78.5±0.1 | **87.60** |

Guo and Barbosa[142]在 CWEB 和 WIKI 上表现更好,因为它是在各自数据集的一部分上训练的,而我们的模型和基线 Ganea and Hofmann[129]以及 Le and Titov[130]只在 AIDA-train 上进行了训练,并在所有数据集上进行了测试。在可比较的实验设置下,我们的方法明显优于最新的基线模型 Ganea and Hofmann[129]和 Le and Titov[130]。与文献[129]的模型相比,我们的模型 GNED 在几乎所有数据集上的 F1 分数提高了 1‰~2‰。这表明我们的模型将 GCN 应用于构建的实体-词图可以通过信息传播增强全局连贯性。原因在于实体-词图包含了同一文档中候选实体之间的语义关系,而 GCN 使我们的模型能够通过聚合图中的相邻节点的信息来学习更一致的嵌入。

值得注意的是,文献[130]的模型在计算实体消歧的成对得分时通过考虑提及之间的多个关系而改进了先前的工作[129]。尽管如此,除了 AIDA-B 之外,我们的模型在所有数据集上都优于文献[130]的模型。如果我们的模型 GNED 进一步考虑多个关系,我们可以期望进一步提高性能,这是本研究的未来方向。

与不考虑同一文档中实体之间的全局连贯性的局部模型相比,最新的基线[129,130]平均提高了 3‰(F1),这证明了全局连贯性在实体消歧中的有效性。我们的模型 GNED 通过充分利用同一文档中实体的全局连贯性进一步提高了性能 1‰(F1)。

### 5.4.5 案例研究

如图 5-1 所示,我们需要将同一文档中的提及 New Zealand,Auckland Art Gallery 和 Albert Park 映射到正确的实体。前两个提及没有歧义,可以简单地映射到真实实体。提及 Albert Park 的候选实体有 Albert Park Victoria 和 Albert Park Auckland。文献[129]的方法错误地将提及 Albert Park 映射到 Albert Park Victoria,而我们的模型得到了正确答案。原因是 Albert Park Victoria 与 New Zealand 的相似性得分(基于根据训练语料库中的上下文词获得的预训练实体嵌入)更大。与文献[129]的模型中的 CRF 强制的全局连贯性不能解决这种偏差相反,我们构建了异构实体-词图(图 5-1 底部)并应用 GCN 来增强全局语义连贯性。在实体-词图中,Albert Park Victoria 与文档中的其他实体有更多的连接(通过词或其他实体)。因此,GCN 生成更一致的实体嵌入,这些嵌入在嵌入空间中更接近,有助于模型得出正确答案。

### 5.4.6 错误分析

我们对 AIDA-B 数据集上我们的模型的一些错误进行了分析。我们观察到这些错误主要是由以下原因引起的:①数据标注错误;②正确的实体不在提及的候选集中;③具有非常低的 $p(e|m)$ 先验概率的正确实体,同时这些正确实体的提及有高先验概率的错误的实体

候选项。例如,提及 Italy 在某些特定语境中指的是 Italy national rugby union team 而不是国家 Italy。在这种情况下,上下文信息并不足以避免错误的预测。

### 5.4.7 参数分析

在图 5-3 中,我们分析了我们模型的 3 个超参数对 3 个数据集的影响:验证集 AIDA-A,域内测试集 AIDA-B 和域外测试集 MSNBC。这些参数包括与实体连接的前 $K$ 个相关词的数量,前 $P$ 个相关实体的数量和词-词连接的词相似性阈值 $\tau$。如图 5-3 所示,前 $K$ 个相关词和前 $P$ 个相关实体的数量对我们模型的性能有很大影响,而词相似性阈值 $\tau$ 的影响相对较小。一般来说,随着 $K$、$P$ 和 $\tau$ 的增加,模型的 F1 值首先上升,在某一点达到最高值,然后下降。我们的模型在 $K=50$、$P=10$ 和 $\tau=0.3$ 时获得最高的 F1 值。较小的 $K$ 和 $P$ 值将使图变得稀疏,而较大的 $K$ 和 $P$ 值将不可避免地引入大量噪声。

我们还发现这些参数的影响在所有测试集上几乎是一致的。因此,我们可以像我们在实验中所做的那样根据验证集上的实验结果来选择这些参数。

### 5.4.8 计算效率

除了性能改进,与文献[149]的模型相比,我们的模型在模型训练期间也有更快的收敛速度。一般来说,我们的模型在 100 个伦次内收敛,而文献[129]的模型需要超过 500 个轮次。在两个模型中,一个轮次需要的时间几乎相同。训练速度更快可能归因于 GCN 通过相关实体和词之间的语义传播提高了实体的全局连贯性,而这通常只能通过文献[129]的模型中多次 CRF 迭代来实现。

## 5.5 本章总结

本章中,我们提出了一种新颖的端到端图神经实体消歧模型 GNED,充分利用了同一文档中候选实体之间的全局语义关系。在这个模型中,首先为每个文档构建了一个异构的实体-词图,以包含候选实体之间的全局语义关系。然后应用 GCN 来聚合相关实体和词的语义信息,生成更具全局连贯性和信息的特定于每个文档的实体嵌入。作为最后一步,增强的实体嵌入被输入到 CRF 中,结合局部和全局信息进行实体消歧。实验证明,我们的模型 GNED 在实体消歧方面取得了最佳性能,相较于最佳先前结果提高了约 1% 的 F1 值。我们的方法在实体消歧之外还具有潜在的应用。任何与实体相关的任务,如指代消解和提及检测,都可以采用 GCN 来分析实体-词图,并受益于增强的实体嵌入。

# 第 6 章

# 基于图的新闻推荐

推荐系统是电商、社交媒体、新闻、音乐和视频平台等多个领域的核心组件,其目的是为用户提供个性化的内容和产品推荐,从而提高用户满意度和商业价值。如何准确地捕捉和表示用户与物品之间的复杂关系成了推荐系统面临的核心挑战。图作为一种可以表示实体及其之间关系的数据结构,为推荐系统提供了一个强大而灵活的框架。通过图,我们可以直观地表示用户与物品、物品与物品、用户与用户之间的各种关系,从而捕捉到数据中的深层次结构和模式。本章中我们将通过两个基于图的新闻推荐模型 GNewsRec 和 GNUD,展示图在推荐系统中的应用。

## 6.1 基于长期和短期兴趣建模的图神经新闻推荐系统

### 6.1.1 引言

随着像雅虎新闻和谷歌新闻这样的在线新闻平台的增加,用户面对来自世界各地涵盖各种主题的大量新闻而感到不知所措。为了减轻信息超载问题,帮助用户定位他们的阅读兴趣并进行个性化推荐变得至关重要[45,148]。因此,能够自动推荐小部分新闻文章以满足用户偏好的新闻推荐系统在行业和学术界越来越受到关注[119,149,150]。

目前有各种典型的方法来进行个性化新闻推荐,包括协同过滤(CF)方法[149,151]和基于内容的方法[119,152-154]。基于用户或物品 ID 的 CF 方法经常受到冷启动问题的困扰,因为过时的新闻经常被更新的新闻替代。而基于内容的方法完全忽略了协同信号。将 CF 和内容结合起来进行新闻推荐的混合方法能够解决这些问题[155,156]。然而,所有这些方法仍然受到数据稀疏性问题的困扰,因为它们未能广泛利用高阶结构信息(例如,关系指示用户 $u_1$ 和 $u_2$ 之间的行为相似性)。此外,它们中的大多数忽略了潜在主题信息,这将有助于指示用户的兴趣并减轻稀疏的用户-项目交互。直觉上,点击次数较少的新闻项目可以通过主题的桥梁聚集更多信息。此外,现有的新闻推荐方法没有考虑用户的长期和短期兴趣。用户通常具有相对稳定的长期兴趣,并且可能在某些事物上也具有暂时的吸引力,即短期兴趣,这应该在新闻推荐中考虑。例如,用户可能持续关注政治事件,这是一个长期的兴趣。相反,某些突发新闻事件,如袭击事件,通常会吸引临时兴趣。

为了解决上述问题,本方法提出了一种新颖的图神经新闻推荐模型(GNewsRec),具有长期和短期用户兴趣建模。首先构建了一个异构的用户-新闻-主题图,如图 6-1 所示,通过完整的历史用户点击来明确地建模用户、新闻和主题之间的交互。主题信息可以帮助更好地反映用户的兴趣,并缓解用户-项目交互的稀疏问题。为了编码用户、新闻项目和主题之间的高阶关系,本方法利用图神经网络(GNN)通过在图上传播嵌入来学习用户和新闻的表示。学习到的具有完整历史用户点击的用户嵌入被认为是编码用户长期兴趣。同时,本方法还使用基于注意力的 LSTM[157,158]模型来建模用户的短期兴趣。将长期和短期兴趣结合起来进行用户建模,然后与候选新闻表示进行预测。真实世界数据集上的实验结果表明,本方法的模型在新闻推荐方面明显优于最先进的方法。

总而言之,本方法的主要贡献可以总结如下:

(1) 这项工作提出了一种新颖的图神经新闻推荐模型 GNewsRec,具有长期和短期用户兴趣建模。

(2) 模型构建了一个异构的用户-新闻-主题图,以建模用户-物品交互,从而缓解了用户-物品交互的稀疏性。然后,它应用图卷积网络来学习用户和新闻的嵌入,通过在图上传播嵌入来编码高阶信息。

(3) 在真实世界数据集的实验结果表明,本方法提出的模型在新闻推荐方面明显优于现有方法。

## 6.1.2 相关工作

个性化新闻推荐已经在新闻文章信息过载的情况下得到广泛研究。已经提出了各种方法,包括基于协同过滤(CF)的方法[149,159-163],以及基于内容的方法[152-164]。

CF 方法假设行为相似的用户对项目的偏好相似。他们对用户和项目进行参数化,以重建历史互动,并根据参数预测用户偏好[165-167]。例如,矩阵分解(MF)直接将用户/项目 ID 嵌入为向量,并使用内积模型用户-项目交互。DMF[163]是一种深度矩阵分解模型,它使用多个非线性层来处理用户和新闻的显式评级和隐式反馈。然而,大多数现有的基于 CF 的方法仅使用描述性特征(例如 ID 和属性)构建用户和项目嵌入,而不考虑用户-项目交互图中的高阶信息。Wang 等[167]提出了一种利用神经图 CF 方法,通过在图上传播嵌入来利用用户-项目图结构。然而,由于新闻项目经常更替,CF 方法仍然存在冷启动问题。

为了解决这个问题,已经提出了基于内容或混合方法[119,152,154,168-170]。基于内容的方法考虑项目的实际内容或属性来进行推荐。例如,DeepWide[168]同时模拟特征交互的线性模型(Wide)和前馈神经网络(Deep)。DeepFM[169]将因子分解机的组件和深度神经网络的组件整合在一起,分别模拟低级和高级特征交互。DKN[119]通过多通道 CNN 融合新闻的语义级和知识级表示,并使用注意模块动态计算用户的聚合历史表示。DeepJONN[170]是一种基于会话的模型,它使用基于张量的 CNN 来建模会话表示,并使用 RNN 来捕捉点击流和相关特征的顺序模式。DAN[154]通过设计基于注意力的 RNN 来捕捉点击新闻的顺序信息,提高了 DKN 在新闻推荐上的性能。混合方法[147,156,171]。例如 SCENE[156]通常结合几种不同的推荐算法来推荐项目。

不同于上述的工作，本节提出了一种新颖的图神经新闻推荐模型，具有长期和短期兴趣建模。它是一种混合方法，利用了用户-项目交互和新闻文章的内容。我们的方法通过构建异构图并应用图卷积网络来传播嵌入，广泛利用了用户和项目之间的高阶结构信息。

## 6.1.3 算法模型

本节中的新闻推荐问题的定义如下所示。给定有 $K$ 个用户的点击历史记录 $U=\{u_1, u_2,\cdots,u_K\}$，以及 $M$ 个新闻项目 $I=\{d_1,d_2,\cdots,d_M\}$。根据用户的隐式反馈，定义用户-项目交互矩阵 $Y\in R^{K\times M}$，其中 $y_{u,d}=1$ 表示用户 $u$ 点击了新闻 $d$，否则 $y_{u,d}=0$。此外，根据点击历史记录的时间戳，我们可以获取最近的点击序列 $s_u=\{d_{u,1},d_{u,2},\cdots,d_{u,n}\}$，对于特定用户 $u$，其中 $d_{u,j}\in I$ 是用户 $u$ 点击的第 $j$ 个新闻。给定用户-项目交互矩阵 $Y$ 以及用户的最近点击序列 $S$，我们的目标是预测用户 $u$ 对他/她之前未看过的新闻项目 $d$ 是否有潜在兴趣。本书考虑新闻的标题和简介(新闻页面内容中给定的一组实体 $E$ 及其实体类型 $C$)作为特征。每个新闻标题 $T$ 包含一系列单词 $T=\{w_1,w_2,\cdots,w_m\}$。简介包含一系列实体 $E=\{e_1,e_2,\cdots,e_n\}$，以及其类型集合 $C=\{c_1,c_2,\cdots,c_n\}$，其中 $c_j$ 是第 $j$ 个实体 $e_j$ 的类型。

## 6.1.4 GNewsRec 模型

在本节中，我们将介绍图神经网络新闻推荐模型 GNewsRec，该模型具有长期和短期兴趣建模，能够充分利用用户和新闻项目之间的高阶结构信息。该模型首先构建一个异构图来建模交互，然后使用 GNN 来传播嵌入。如图 6-1 所示，GNewsRec 包含 3 个主要部分：用于提取文本信息的 CNN，用于长期用户兴趣建模和新闻建模的 GNN，以及用于短期用户兴趣建模的基于注意力的 LSTM 模型。第一部分通过 CNN 从新闻标题和个人资料中提取新闻特征。第二部分使用完整的历史用户点击构建一个异构的用户-新闻-主题图，并应用 GNN 来编码推荐所需的高阶结构信息。整合的潜在主题信息可以缓解用户-项目稀疏性问题，因为点击次数较少的新闻项目可以通过主题的桥梁聚合更多信息。学习到的具有完整历史用户点击的用户嵌入应该能够编码相对稳定的长期用户兴趣。本方法还通过第三部分的基于注意力的 LSTM 模型对用户的短期兴趣进行建模。最后，本方法将用户的长期和短期兴趣结合起来作为用户表示，然后将其与候选新闻表示进行比较以进行推荐。我们将详细介绍这 3 个部分。

**1.文本信息提取器**

本方法使用两个并行的 CNN 作为新闻文本信息提取器，分别以新闻的标题和简介作为输入，并学习新闻的标题级别和简介级别的表示。这两个表示的拼接被视为新闻的最终文本特征表示。具体来说，本方法将标题表示为 $T=[w_1,\cdots,w_m]^T$，将简介表示为 $P=[e_1,f(c_1),e_2,f(c_2),\cdots,e_n,f(c_n)]^T$，其中 $P\in R^{2n\times k_1}$，$k_1$ 是实体嵌入的维度。$f(c)=W_c c$ 是转换函数。$W_c\in R^{k_1\times k_2}$($k_2$ 是实体类型嵌入的维度)是可训练的转换矩阵。标题 $T$ 和简

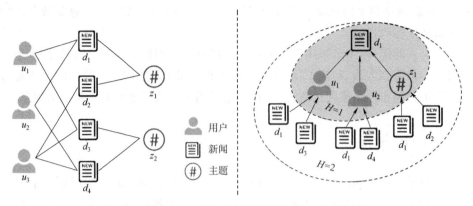

图 6-1 异构用户-新闻-主题图(左)和两层 GNN(右)

介 $P$ 分别被送入具有独立权重参数的两个并行 CNN 中。因此,通过两个并行 CNN 分别获得它们的特征表示 $\tilde{T}$ 和 $\tilde{P}$。最后,将 $\tilde{T}$ 和 $\tilde{P}$ 连接起来作为最终的新闻文本特征表示:

$$d = f_c([\tilde{T}; \tilde{P}]) \quad \text{式(6-1)}$$

式中,$d \in R^D$,$f_c$ 是一个全连接层。

**2. 长期用户兴趣建模和新闻建模**

为了对长期用户兴趣和新闻进行建模,本方法首先使用用户完整的历史点击构建一个异构的用户-新闻-主题图。融入主题信息可以更好地表示用户的兴趣,并减轻用户-物品交互的稀疏性。然后,本方法应用图卷积网络来学习用户和新闻项目的嵌入,通过在图上传播嵌入来编码用户和项目之间的高阶信息。

(1) 异构用户-新闻-主题图

本方法同时在新闻文章中加入潜在主题信息,以更好地表示用户的兴趣并减轻用户-项目稀疏问题。因此,本方法构建了一个异构无向图 $G=(V,R)$,如图 6-1 左侧所示,其中 $V$ 和 $R$ 分别是节点和边的集合。异构图包含 3 种类型的节点:用户 $U$,新闻项目 $I$ 和主题 $Z$。主题 $Z$ 可以通过主题模型 LDA[37] 进行挖掘。

如果用户 $u$ 点击了新闻项目 $d$,则建立用户-项目边,即 $y_{u,d}=1$。对于每个新闻文档 $d$,可以通过 LDA 获得其主题分布 $\theta_d = \{\theta_{d,i}\}_{i=1,\cdots,K}$,$\sum_{i=1}^{K}\theta_i = 1$。本方法将新闻文档 $d$ 和具有最大概率的主题 $z$ 进行连接。

请注意,对于测试阶段,我们可以根据估计的 LDA 模型[172] 推断新文档的主题。通过这种方式,图中不存在的新文档可以与构建的图连接,并通过图卷积更新它们的嵌入。因此,主题信息可以减轻冷启动问题以及用户-项目交互的稀疏问题。

(2) 异构用户-新闻-主题图

通过构建的异构用户-新闻-主题图,本方法然后应用 GNN[17,167,173] 通过传播嵌入来捕捉用户和新闻之间的高阶关系。以下是计算单个 GNN 层的某个节点嵌入的通用形式:

$$h_{\mathcal{N}_v} = \text{AGGREGATE}(\{W^t h_u^t, \forall u \in \mathcal{N}_v\}) \quad \text{式(6-2)}$$

$$h_v = \sigma(W \cdot h_{\mathcal{N}_v} + b) \quad \text{式(6-3)}$$

式中,AGGREGATE 是聚合器函数,它从相邻节点聚合信息,在实验中,本方法使用平均聚合器,它简单地取相邻节点向量的逐元素平均值。$v$ 表示某个节点 $v$ 的邻域,$W_t$ 是可训练的

转换矩阵,用于将不同类型的节点 $h_u^t$ 转换为相同的空间。$W$ 和 $b$ 是一个 GNN 层的权重矩阵和偏置,用于更新中心节点嵌入 $h_v$。特别地,考虑用户 $u$ 和新闻 $d$ 的候选对。本方法分别使用 $U(d)$ 和 $Z(d)$ 来表示直接连接到新闻文档 $d$ 的用户和主题集合。在实际应用中,$U(d)$ 的大小可能在所有新闻文档上变化很大。为了保持每个批次的计算模式固定且更高效,本方法为每个新闻 $d$ 均匀采样一组具有固定大小的邻居 $S(d)$,而不是使用其全部邻居,其中大小 $|S(d)|=L_u$。

根据式(6-2)和式(6-3),为了描述新闻 $d$ 的拓扑邻近结构,首先,本方法计算其所有采样邻居的线性平均组合:

$$d_N = \frac{1}{|S(d)|}\sum_{u\in S(d)} W_u u + \frac{1}{|Z(d)|}\sum_{z\in Z(d)} W_z z \qquad 式(6\text{-}4)$$

式中,$u\in R^D$ 和 $z\in R^D$ 分别是邻近用户和新闻 $d$ 的表示。$u$ 和 $z$ 是随机初始化的,而 $d$ 是从文本信息提取器得的文本特征嵌入进行初始化的。$W_u\in R^{D\times D}$ 和 $W_z\in R^{D\times D}$ 分别是用于用户和主题的可训练转换矩阵,它们将它们从不同的空间映射到新闻嵌入的相同空间中。

然后,使用邻近表示 $d_N$ 来更新候选新闻嵌入:

$$\tilde{d} = \sigma(W^1 \cdot d_N + b^1) \qquad 式(6\text{-}5)$$

式中,$\sigma$ 是非线性函数 ReLU,$W^1\in R^{D\times D}$ 和 $b^1\in R^D$ 是 GNN 的第一层的转换权重和偏置。这是一个单层的 GNN,候选新闻的最终嵌入只依赖于其直接邻居。为了捕捉用户和新闻之间的高阶关系,可以将 GNN 从一层扩展到多层,以更广泛和更深入的方式传播嵌入。如图 6-1 所示,可以通过以下方式获得 2 阶新闻嵌入。首先使用式(6-2)和式(6-3)聚合其邻近新闻嵌入来获取其 1 跳邻近用户嵌入 $u_l$ 和主题嵌入 $z$。然后聚合它们的嵌入 $u_l$ 和 $z$ 来获得 2 阶新闻嵌入 $\tilde{d}$,一般来说,新闻的 $H$ 阶表示是其邻居的初始表示的混合,直到 $H$ 跳为止。通过 GNN,可以获得具有高阶信息编码的最终用户和新闻嵌入 $u_l$ 和 $\tilde{d}$。使用完整的用户点击历史记录学习到的用户嵌入应该能够捕捉相对稳定的长期用户兴趣。然而,本方法认为用户可能会暂时被某些事物吸引,即用户具有短期兴趣,这也应该在个性化新闻推荐中考虑到。

**3. 短期用户兴趣建模和新闻建模**

在这个子部分中,我们主要介绍本方法如何通过基于注意力的 LSTM 模型来建模用户的短期兴趣,从而利用她最近的点击历史。本方法不仅仅关注新闻内容,还包括顺序信息。

内容注意力。给定一个用户 $u$ 和她最近 $l$ 个点击的新闻 $\{d_1,d_2,\cdots,d_l\}$,本方法使用注意机制来建模用户最近点击的新闻对候选新闻 $d$ 的不同影响:

$$u_j = \tanh(W'd_j + b') \qquad 式(6\text{-}6)$$

$$u = \tanh(Wd + b) \qquad 式(6\text{-}7)$$

$$\alpha_j = \frac{\exp(v^T(u+u_j))}{\sum_j \exp(v^T(u+u_j))} \qquad 式(6\text{-}8)$$

$$u_c = \sum_j \alpha_j d_j \qquad 式(6\text{-}9)$$

式中,$u_c$ 是用户当前的内容级别兴趣嵌入,$\alpha_j$ 是点击新闻 $d_j(j=1,\cdots,l)$ 对候选新闻 $d$ 的影响权重,$W', W\in R^{D\times D}, d_j, b_w, b_t, v^T\in R^D$ 是维度为 $D$ 是的新闻嵌入的参数。

注意顺序信息。除了将注意力机制应用于模拟用户当前的内容级别兴趣外,本方法还关注用户最新点击新闻的顺序信息,因此本方法使用基于注意力的 LSTM 来捕获顺序特征。

如图 6-1 所示，LSTM 将用户点击的新闻嵌入作为输入，并输出用户的顺序特征表示。由于每个用户的当前点击受先前点击的新闻的影响，因此上述对内容级别兴趣建模的注意力机制应用于每个隐藏状态 $h_j$ 及其先前的隐藏状态 $\{h_1, h_2, \cdots, h_{j-1}\}$（$h_j = \text{LSTM}(h_{(j-1)}, d_j)$）的 LSTM，以在不同的点击时间获得更丰富的顺序特征表示 $s_j, (j=1, \cdots, l)$。这些特征 $(s_1, \cdots, s_l)$ 由 CNN 集成，以获得用户最新的 $l$ 次点击历史记录的最终顺序特征表示 $\tilde{s}$。

本方法将当前内容级别兴趣嵌入和序列级别嵌入的串联馈入全连接网络，并获得最终用户的短期兴趣嵌入：

$$u_s = W_s [u_c; \tilde{s}] \qquad \text{式(6-10)}$$

式中，$W_s \in R^{d \times 2d}$。

**4. 预测与训练**

最后，通过对长期和短期嵌入向量的连接进行线性变换，计算用户嵌入 $u$：

$$u = W[u_l; u_s] \qquad \text{式(6-11)}$$

式中，$W \in R^{d \times 2d}$。

然后将最终的用户嵌入 $u$ 与候选新闻嵌入 $d$ 进行比较，用户 $u$ 点击新闻 $d$ 的概率由一个 DNN 进行预测：

$$\hat{y} = \text{DNN}(u, \tilde{d}) \qquad \text{式(6-12)}$$

为了训练本方法提出的模型 GNewsRec，作者从现有的观察到的点击阅读历史中选择正样本，并从未观察到的阅读中选择相同数量的负样本。训练样本表示为 $X=(u, x, y)$，其中 $x$ 是候选新闻，用于预测是否点击。对于每个正样本输入，$y=1$，否则 $y=0$。在模型中，每个输入样本都有一个相应的估计概率 $\hat{y} \in [0,1]$，表示用户是否会点击候选新闻 $x$。本方法使用交叉熵损失作为损失函数：

$$\mathcal{L} = -\left\{\sum_{X \in \Delta^+} y \log \hat{y} + \sum_{X \in \Delta^-} (1-y) \log(1-\hat{y})\right\} + \lambda \|W\|_2 \qquad \text{式(6-13)}$$

式中，$\Delta^+$ 是正样本集合，$\Delta^-$ 是负样本集合，$\|W\|_2$ 是对所有可训练参数的 L2 正则化，$\lambda$ 是惩罚权重。此外，本方法还应用了 dropout 和 early stopping 来避免过拟合。

## 6.1.5 实验及分析

**1. 数据集**

该工作在一个真实的在线新闻数据集 Adressa[174]上进行实验，这是一个包含大约 2000 万次页面访问的点击日志数据集，来自挪威的一个新闻门户网站，还有一个包含 270 万次点击的子样本。Adressa 是挪威科技大学（NTNU）和 Adressavisen（挪威特隆赫姆的当地报纸）合作出版的，作为推荐技术 RecTech 项目的一部分，它是用于训练和评估新闻推荐系统的最全面的开放数据集之一。数据集是基于事件的，包括带有点击新闻日志的匿名用户。除了点击日志，数据集还包含有关用户的一些上下文信息，如地理位置、活动时间（阅读文章所花费的时间）和会话边界等。本方法使用了两个轻量级版本，分别为 Adressa-1week（从 2017 年 1 月 1 日到 1 月 7 日，持续 1 周）和 Adressa-10week（从 2017 年 1 月 1 日到 3 月 31 日，持续 10 周）数据集。根据 DAN[154]的方法，对于每个事件，实验中只选择（会话开始，会话结束）、用户 ID、新闻 ID、时间戳、新闻标题和新闻概要来构建实验的数据集。

具体来说，本方法首先按时间顺序对新闻进行排序。对于 Adressa-1week 数据集，本方法将数据分为以下几部分：前 5 天的历史数据用于构建图形，最近 5 天中点击的最新 1 条新闻用于短期兴趣建模，第 6 天的数据用于生成训练对 $<u,d>$，最后一天的 20% 用于验证，剩下的 80% 用于测试。需要注意的是，在测试时，使用前 6 天的历史数据重新构建图形，并使用过去 6 天中点击的最新 1 条新闻来建模用户的短期兴趣。同样地，对于 Adressa-10week 数据集，在训练期间，使用前 50 天的数据来构建图形，接下来的 10 天用于生成训练对，剩下的 10 天中的 20% 用于验证，80% 用于测试。

为了减少文本数据的噪声，实验中还进行以下预处理。去除标题中的停用词，并过滤掉新闻概要中的无意义实体和实体类型最终数据集的统计数据如表 6-1 所示。

表 6-1 数据集统计

| Number | Adressa-1week | Adressa-10week |
| --- | --- | --- |
| # users | 537 627 | 590 673 |
| # news | 14 732 | 49 994 |
| # events | 2 527 571 | 23 168 411 |
| # vocabulary | 116 603 | 279 214 |
| # entity-type | 11 | 11 |
| # average words per title | 4.03 | 4.10 |
| # average entity per news | 22.11 | 21.29 |

**2. 参数设置**

实验中的模型基于 Tensorflow 实现。超参数的设置是通过在验证集上优化 AUC 确定的。它们的设置如下。词嵌入和实体类型嵌入的维度都设置为 $k_1=k_2=50$，新闻嵌入、用户嵌入和主题嵌入的维度设置为 $D=128$。并行 CNN 的参数配置遵循 DAN[154] 的设置。选择的最新点击新闻的数量设置为与 DAN 相同（$l=10$）。对于 LDA，主题数设置为 $K=20$。在 GNN 中，采样的邻近用户数和邻近新闻文档数分别设置为 $L_u=10$ 和 $L_d=30$。

嵌入使用均值为 0，标准差为 0.1 的高斯分布进行随机初始化。参数使用 Adam Kingma 和 Ba（2014）算法进行优化，学习率为 0.000 3。L2 正则化惩罚设置为 0.005，dropout 率设置为 0.5。实验遵循之前的研究[119,154]，并使用相同的参数设置作为基准模型。

**3. 基线**

在实验中使用以下最先进的方法作为基准：

DMF[163] 是一种深度矩阵分解模型，使用多个非线性层来处理用户和项目的原始评分向量。他们忽略新闻内容，将隐式反馈作为输入。

DeepWide[168] 是一种基于深度学习的模型，将线性模型（Wide）和前馈神经网络（Deep）结合起来，同时建模低级和高级特征交互。在实验中使用新闻标题和个人资料嵌入的串联作为特征。

DeepFM[169] 也是一种推荐的通用深度模型，它结合了因子分解机的组件和共享输入的深度神经网络的组件，以建模低级和高级特征交互。实验中使用与 DeepWide 相同的输入来进行 DeepFM。

DKN[119] 是一种深度内容推荐框架，通过多通道 CNN 融合新闻的语义级别和知识级别表示。在实验中将新闻标题建模为语义级别表示，将个人资料建模为知识级别表示，遵循 Zhu 等（2019 年）的 DAN。

DAN[154]是一种基于深度注意力的新闻推荐神经网络,通过考虑用户的点击序列信息改进了DKN[119]。

所有基准模型都基于深度神经网络。DMF是基于协作过滤的模型,而其他模型都是基于内容的。

**4. 实验结果**

(1) 模型对比

在本节中,我们将展示本方法的模型的实验结果以及与最先进的基准模型在两个数据集上进行比较,并以AUC和F1指标在表6-2中报告结果。

从表6-2中可以看出,本方法的模型在F1上提高了10.67%以上,在AUC上提高了2.37%以上,从而持续改进了两个数据集上的所有基线模型。作者将此方法的模型的显著优势归因于以下3个方面:①此方法的模型构建了一个异质用户-新闻-主题图,并通过GNN编码了高阶信息,从而学习到更好的用户和新闻嵌入。②此方法的模型不仅考虑了长期用户兴趣,还考虑了短期兴趣。③异质图中包含的主题信息可以更好地反映用户的兴趣,并缓解用户-物品交互的稀疏问题。即使新闻项目的用户点击量很少,它们仍然可以通过主题聚合邻近信息。

通过实验还发现,所有基于内容的模型都比基于CF的模型DMF表现更好。这是因为基于CF的方法在新闻推荐中无法很好地工作,由于冷启动问题。此方法的模型作为混合模型可以结合基于内容的模型和基于CF的模型的优势。此外,没有用户点击的新到达文档也可以通过主题连接到现有图中,并通过GNN更新它们的嵌入。因此,此方法的模型可以实现更好的性能。

表 6-2 模型效果对比

| Model | Adressa-1week | | Adressa-10week | |
|---|---|---|---|---|
| | AUC(%) | F1(%) | AUC(%) | F1(%) |
| DMF | 55.66 | 56.46 | 53.20 | 54.15 |
| DeepWide | 68.25 | 56.46 | 73.28 | 69.52 |
| DeepFM | 69.09 | 56.46 | 74.04 | 65.82 |
| DKN | 75.57 | 76.11 | 74.32 | 72.29 |
| DAN | 75.93 | 74.01 | 76.76 | 71.65 |
| GNewsRec | 81.16 | 82.85 | 78.62 | 81.01 |

(2) GNewsRec变体的比较

进一步实验比较了GNewsRec的各个变体,以展示模型设计在以下方面的有效性:使用GNN学习编码了高阶结构信息的用户和新闻嵌入,结合长期和短期用户兴趣,以及融入主题信息。结果如表6-3所示。

从表6-3可以看出,当移除用于建模长期用户兴趣和新闻的GNN模块时,性能大幅下降,因为该模块编码了图上的高阶关系。这证明了模型通过构建异构图并应用GNN在图上传播嵌入的优越性。

移除短期兴趣建模模块将导致AUC和F1指标下降约2%,这表明考虑长期和短期用户兴趣是必要的。

与没有主题信息的变体模型相比,GNewsRec 在两个指标上都取得了显著的改进。这是因为主题信息可以缓解用户-物品稀疏问题和冷启动问题。即使新的文档点击量较少,仍可以通过主题聚合邻近信息。没有主题的 GNewsRec 的性能略优于没有短期兴趣建模的 GNewsRec,这表明考虑短期兴趣是重要的。

表 6-3　GNewsRec 变体实验结果

| Model | Adressa-1week | | Adressa-10week | |
|---|---|---|---|---|
| | AUC(%) | F1(%) | AUC(%) | F1(%) |
| GNewsRec$_{without\ GNN}$ | 75.93 | 74.01 | 76.76 | 71.65 |
| GNewsRec$_{without\ short\text{-}term\ interest}$ | 79.00 | 80.53 | 77.03 | 80.21 |
| GNewsRec$_{without\ topic}$ | 79.27 | 80.73 | 77.21 | 80.32 |
| GNewsRec | **81.16** | **82.85** | **78.62** | **81.01** |

(3) 参数敏感性

在这一部分中,我们通过实验探讨了 GNewsRec 不同参数的影响。分为不同数量的 GNN 层以及新闻、用户和主题嵌入 $D$ 的不同维度的影响(这些维度设置为相同)。

将 GNN 层数从 1 变化到 3。从表 6-4 中,我们可以发现 2 层 GNN 的 GNewsRec 表现最好。这是因为 1 层 GNN 无法捕捉用户和新闻之间的高阶关系。然而,3 层 GNN 可能给模型带来大量噪声。当推断节点间相似性时,过长的关系链对于更高层次没有太多意义(Wang et al.,2018)。因此,在主实验中,选择了 2 层 GNN。

表 6-4　GNN 参数对 GNewsRec 影响

| Model | Adressa-1week | | Adressa-10week | |
|---|---|---|---|---|
| | AUC(%) | F1(%) | AUC(%) | F1(%) |
| GNewsRec-1 layer | 75.24 | 72.17 | 76.17 | 71.92 |
| GNewsRec-2 layers | 81.16 | 82.85 | 78.62 | 81.01 |
| GNewsRec-3 layers | 78.94 | 80.36 | 77.92 | 80.11 |

对于模型 $D$ 的维度,在 $\{32,64,128,256\}$ 上进行实验。图 6-2 给出了令人信服的结果,即①本方法的模型在 $D=128$ 的设置下取得了最佳性能,表明这样的维度设置最能表达新闻、用户和主题空间的语义信息。②模型的性能随着 $D$ 的增长而先增加后下降。这是因为过低的维度无法捕捉必要的信息,而过大的维度引入了不必要的噪声并降低了泛化能力。

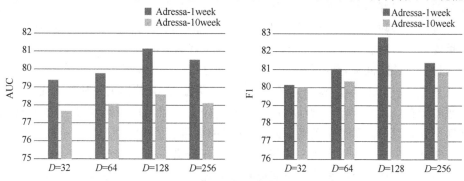

图 6-2　$D$ 维度敏感性

# 6.2 无监督偏好解耦的图神经新闻推荐系统

## 6.2.1 引言

许多新闻平台（例如 Google News）上的新闻和文章的数量一直以爆炸性的速度持续增长着，这使得用户很难快速找到他们感兴趣的新闻。为了解决信息过载问题以及满足用户的需求，新闻推荐在挖掘用户的阅读兴趣和提供个性化内容方面起着越来越重要的作用[147,153]。

新闻推荐的核心问题是学习更好的用户和新闻表示。最近，已经提出了许多基于深度学习的方法来自动学习包含丰富信息的用户和新闻表示[119,175]。例如，DKN[119]通过多通道 CNN 学习知识感知的新闻表示，并通过将其点击的新闻历史记录以不同的权重进行聚集来获得用户的表示。然而，这些方法[154,176,177]通常只关注新闻内容，很少考虑到用户-新闻交互中潜在的高阶关系带来的协同信号。捕获用户和新闻之间的高阶连接可以进一步利用结构特征来减轻稀疏性，从而提高推荐性能[167]。例如，如图 6-3 所示，高阶关系 $u_1$-$d_1$-$u_2$ 表示 $u_1$ 和 $u_2$ 之间的行为相似性，因此我们可以将 $d_3$ 推荐给 $u_2$，因为 $u_1$ 浏览了 $d_3$，而 $d_1$-$u_2$-$d_4$ 则暗示了 $d_1$ 和 $d_4$ 可能有相似的目标用户。

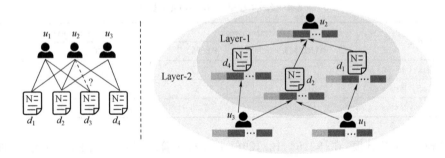

图 6-3 用户-新闻交互图和高阶连接关系的说明。用户和新闻的表示根据潜在的偏好因素被解耦

此外，用户可能会点击其他新闻由于偏好的多样性。现实世界中的用户新闻交互源于高度复杂的潜在偏好因素。例如，如图 6-3 所示，$u_2$ 可能由于她对娱乐新闻的偏好点击 $d_1$，而由于对政治的兴趣选择 $d_4$。在图上聚集邻居信息时，应考虑邻居在不同潜在偏好因素下的不同重要性。学习能够发现并解耦这些潜在的偏好因素的表示可以增强的表达能力和可解释性，但是，有关新闻推荐的现有工作仍未对此进行进一步探索。

本节为了解决上述问题，将用户新闻交互建模为二部图，并提出一种具有无监督偏好解耦的新颖的图神经新闻推荐模型（GNUD）。通过图来传播用户和新闻表示，模型能够捕获用户新闻交互背后的高阶连接关系。此外，通过邻域路由机制将学习的表示进行解耦，该邻域路由机制动态识别可能引起用户和新闻之间交互的潜在偏好因素，并将新闻分配到特征的子空间中。为了使每个纠缠的子空间能够独立地反映某一个偏好，还设计了一种新颖的偏好正则器，来最大化信息理论中两个随机变量之间的相互信息度量依赖性，从而增强偏好

因素和解耦嵌入之间的关系。它进一步改善了用户和新闻的表示。总而言之,本方法主要有以下3个贡献:

(1) 本方法将用户新闻交互建模为二部图,并提出了一种具有无监督偏好解耦的新型图神经新闻推荐模型 GNUD。模型通过充分考虑高阶连接关系以及潜在的用户新闻交互的偏好因素来提高推荐性能。

(2) 在模型 GNUD 中,偏好正则器的设计加强了解耦表示空间的独立性,以独立地反映某一偏好,从而进一步提高了用户和新闻的解耦表示的质量。

(3) 在真实数据集上的实验结果表明,所提出的方法明显优于最新的新闻推荐方法。

## 6.2.2 相关工作

在本小节中,我们将从3个方面回顾相关研究工作,即新闻推荐,图神经网络和解耦表示学习。

(1) 新闻推荐。个性化新闻推荐是自然语言处理领域的一项重要任务,近年来已被广泛研究。学习更好的用户和新闻表示是新闻推荐的核心任务。传统的基于协同过滤(CF)的方法[174]通常利用用户和新闻之间的历史交互来定义模型训练的目标函数,旨在为每个用户预测一组候选新闻的个性化排名。但它们经常遭受冷启动问题的困扰,因为新闻常常更新。许多工作试图利用丰富的内容信息来有效地提高推荐性能。例如,DSSM[152]是基于内容的深度神经网络,可对给定查询的一组文档进行排名。一些工作[119,154]建议通过外部知识来改善新闻表示,并使用注意力模块从用户浏览的新闻中学习用户的表示。Wu 等[176]在单词和新闻级别都应用了注意力机制,以针对不同用户对新闻内容的不同信息进行建模。Wu 等[178]通过基于注意力的多视图学习框架挖掘了不同类型的新闻信息。An 等[177]同时考虑了新闻的标题和主题类别,并学习了长期和短期两个级别的用户表示。Wu 等[179]则通过多头注意力机制学习表示。但是,这些工作都很少挖掘高阶结构信息。

(2) 图神经网络。最近,图神经网络(GNN)[17,18,53]由于其基于节点特征和图结构的强大表示学习能力而在图嵌入中受到越来越多的关注。Wang 等[167]探索了 GNN,通过在其图上传播表示来捕获用户-物品图中的高阶连接信息,从而在推荐时获得更好的性能。但是,现有的新闻推荐方法主要关注并且严重依赖新闻内容,很少有新闻推荐模型考虑用户-新闻交互图结构,该结构能对有用的高阶连接信息进行编码。Hu 等[180]将用户-新闻交互建模为图,并提出了基于图卷积神经网络的模型,该模型结合了长期和短期表示,证明了探究用户-新闻交互图的结构的有效性。与所有这些方法不同,在这项工作同时考虑了用户-新闻交互背后的高阶连接信息和潜在偏好因素,提出了一种具有无监督偏好解耦的新型图神经新闻推荐模型。

(3) 解耦表示学习。解耦表示学习旨在识别和解耦隐藏在观测数据中的不同潜在解释因素[181],这已成功应用于计算机视觉领域[182-184]。其中,β-VAE[185]是一种深层的无监督生成方法,可以基于 VAE 框架自动发现无监督数据中的独立潜在因素[186]。最近,已经对基于图结构的数据进行了解耦表示学习的研究[187]。这是在新闻推荐中探索解耦表示的第一项工作。

### 6.2.3 算法模型

在本小节中,我们首先介绍本方法的新闻内容信息提取器。该提取器目的是从新闻内容中学习新闻表示 $h_d$。然后,详细介绍所提出的具有无监督偏好解耦的图神经模型 GNUD,以进行新闻推荐。模型不仅利用了用户-新闻交互图上的高阶结构信息,还考虑了导致用户和新闻之间点击行为的不同潜在偏好因素。最后还引入了一种新颖的偏好正则器,以强制每个解耦的子空间更加独立地反映某一个偏好因素。

**1. 问题描述**

新闻推荐问题可以如下形式化。给定用户新闻历史交互 $\{(u,d)\}$,新闻推荐旨在预测用户 $u_i$ 是否会点击他之前从未见过的候选新闻 $d_j$。本文对于新闻 $d$,考虑标题 $T$ 和内容概要 $P$(新闻内容中给定的一组实体 $E$ 及其对应的实体类型 $C$)作为特征。实体 $E$ 及其对应的实体类型 $C$ 已在数据集中给出。每个新闻标题 $T$ 包含一个单词序列 $T=\{w_1,w_2,\cdots,w_m\}$。每个内容概要 $P$ 包含了一系列实体,定义为 $E=\{e_1,e_2,\cdots,e_p\}$,相应实体类型 $C=\{c_1,c_2,\cdots,c_p\}$。记标题特征表示为 $\boldsymbol{T}=[\boldsymbol{w_1},\boldsymbol{w_2},\cdots,\boldsymbol{w_m}]^T \in R^{m\times n_1}$,实体集的特征表示 $\boldsymbol{E}=[\boldsymbol{e_1},\boldsymbol{e_2},\cdots,\boldsymbol{e_p}]^T \in R^{p\times n_1}$,实体类型特征表示 $\boldsymbol{C}=[\boldsymbol{c_1},\boldsymbol{c_2},\cdots,\boldsymbol{c_p}]^T \in R^{p\times n_2}$。其中 $\boldsymbol{w}$、$\boldsymbol{e}$、$\boldsymbol{c}$ 分别表示词 $w$,实体 $e$,实体类型 $c$ 的特征向量。$n_1$ 和 $n_2$ 是词(实体)和实体类型的向量维度。这些特征可以从大语料预训练或者随机初始化得到。根据文献[154],我们定义内容概要向量 $\boldsymbol{P}=[\boldsymbol{e_1},g(\boldsymbol{c_1}),\boldsymbol{e_2},g(\boldsymbol{c_2}),\cdots,\boldsymbol{e_p},g(\boldsymbol{c_p})]^T$,其中 $\boldsymbol{P} \in R^{2p\times n_1}$。$g(\boldsymbol{c})$ 是转换函数,$g(\boldsymbol{c})=\boldsymbol{M_c c}$,其中 $\boldsymbol{M_c} \in R^{n_1 \times n_2}$ 是一个可训练的转换矩阵。

**2. 新闻内容信息提取器**

首先,我们将阐述新闻内容提取器如何从新闻内容(包括新闻标题 $T$ 和内容概要 $P$)中获得新闻表示 $h_d$。基于内容的新闻表示将作为模型 GNUD 的初始输入特征。参照 DAN[154],本方法使用两个并行卷积神经网络(PCNN),将新闻的标题 $T$ 和内容概要 $P$ 作为输入,学习新闻的标题级别和内容概要级别表示 $\hat{T}$ 和 $\hat{P}$。最后,将 $\hat{T}$ 和 $\hat{P}$ 连接起来,并通过一个全连接层 $f$ 获得最终新闻表示 $h_d$:

$$h_d = f([\hat{T};\hat{P}]) \qquad 式(6\text{-}14)$$

**3. GNUD**

为了捕获用户-新闻交互的高阶连接关系,本方法将用户-新闻交互建模为二部图 $\mathcal{G}=\{\mathcal{U},\mathcal{D},\mathcal{E}\}$,其中 $\mathcal{U}$ 和 $\mathcal{D}$ 分别是用户和新闻的集合,$\mathcal{E}$ 是边集合,每条边 $e=(u,d)\in\mathcal{E}$ 表示用户 $u$ 点击了新闻 $d$。模型 GNUD 支持图上用户和新闻之间信息传播,从而捕获用户和新闻之间的高阶关系。此外,GNUD 还学习了解耦表示,这些表示揭示了用户与新闻交互背后的潜在偏好因素,从而增强了表达能力和可解释性。在下文中,我们将展示本方法的单个具有偏好解耦功能的图卷积层。模型 GNUD 的图示如图 6-4 所示。

(1)偏好解耦的图卷积层

给定用户-新闻二部图 $\mathcal{G}$,其中用户特征 $h_u$ 随机初始化,新闻特征 $h_d$ 由新闻内容信息提取器获得(第 6.2.4 节),图卷积层旨在通过聚集节点 $u$ 邻居特征来学习节点 $u$ 的表示 $y_u$:

$$y_u = \text{Conv}(h_u,\{h_d:(u,d)\in\mathcal{E}\}) \qquad 式(6\text{-}15)$$

考虑到用户的点击行为可能是由不同的潜在偏好因素引起的,本方法提出学习一个

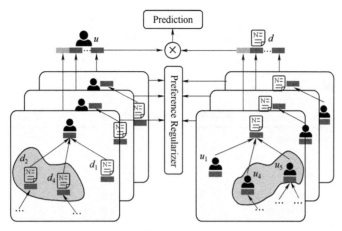

图 6-4　模型 GNUD 的图示

Conv(·)层,输出 $y_u$ 和 $y_d$ 的解耦表示。每个解耦的部分反映了一个与用户或新闻有关的偏好因素。解耦用户和新闻表示可以增强表达能力和可解释性。现假设有 $K$ 个因素,本方法希望让 $y_u$ 和 $y_d$ 由独立的 $K$ 个部分组成:$y_u=[z_{u,1},z_{u,2},\cdots,z_{u,K}]$,$y_d=[z_{d,1},z_{d,2},\cdots,z_{d,K}]$,其中 $z_{u,k}$ 和 $z_{d,k}\in R^{\frac{l_{out}}{K}}$($1\leqslant k\leqslant K$)($l_{out}$ 是 $y_u$ 和 $y_d$ 的维度),分别刻画用户 $u$ 和新闻 $d$ 的与第 $k$ 个偏好因素相关的第 $k$ 个方面。注意接下来我们仅关注用户 $u$,描述其表示 $y_u$ 的学习过程。新闻 $d$ 同理。

形式上给定一个 $u$-相关的节点 $i\in\{u\}\bigcup\{d:(u,d)\in\mathcal{E}\}$,通过一个特定于子空间的投影矩阵 $W_k$ 将特征向量 $h_i\in R^{l_{in}}$ 映射到第 $k$ 个偏好相关的子空间:

$$s_{i,k}=\frac{\text{ReLU}(W_k^T h_i+b_k)}{\|\text{ReLU}(W_k^T h_i+b_k)\|_2}\qquad \text{式}(6\text{-}16)$$

式中,$W_k\in R^{l_{in}\times\frac{l_{out}}{K}}$,$b_k\in R^{\frac{l_{out}}{K}}$。注意到 $s_{u,k}$ 不等同于最终 $u$ 的第 $k$ 段表示 $z_{u,k}$,因为到目前为止并没有挖掘任何的邻居新闻信息。为了构建 $z_{u,k}$,需要挖掘 $s_{u,k}$ 同其邻居特征 $\{s_{d,k}:(u,d)\in\mathcal{E}\}$ 的信息。

其中主要的直觉是,在构造描述 $u$ 的第 $k$ 个方面的 $z_{u,k}$ 时,应该仅使用由于偏好因素 $k$ 而与用户 $u$ 连接的邻居新闻 $d$,而并非所有邻居节点。本方法应用邻域路由算法[187]来识别由于偏好因素 $k$ 而连接到 $u$ 的相邻新闻的子集。

邻域路由算法:邻域路由算法通过迭代分析用户及其点击的新闻形成的潜在子空间,来推断用户-新闻交互背后的潜在偏好因素。其具体细节在算法 1 中进行了说明。形式上,令 $r_{d,k}$ 为用户 $u$ 由于因素 $k$ 点击新闻 $d$ 的概率。同时,这也是本方法使用新闻 $d$ 去构造 $z_{u,k}$ 的概率。$r_{d,k}$ 是一个未知的隐变量,可以在迭代过程中进行推断。迭代过程的动机如下。在给定 $z_{u,k}$ 的情况下,可以通过衡量第 $k$ 个子空间下用户 $u$ 与点击新闻 $d$ 之间的相似度来获得潜在变量 $\{r_{d,k}:1\leqslant k\leqslant K,(u,d)\in\mathcal{E}\}$ 的值,其计算公式为式(6-17)。初始时,设置 $z_{u,k}=s_{u,k}$。另一方面,在获得潜在变量 $\{r_{d,k}\}$ 之后,可以通过聚集点击新闻信息来估计 $z_{u,k}$,该估计值计算方法如式(6-18):

$$r_{d,k}^{(t)}=\frac{\exp(z_{u,k}^{(t)\text{T}}s_{d,k})}{\sum_{k'=1}^{K}\exp(z_{u,k'}^{(t)\text{T}}s_{d,k'})}\qquad \text{式}(6\text{-}17)$$

$$z_{u,k}^{(t+1)} = \frac{s_{u,k} + \sum_{d:(u,d)\in \mathcal{G}} r_{d,k}^{(t)} s_{d,k}}{\left\| s_{u,k} + \sum_{d:(u,d)\in \mathcal{G}} r_{d,k}^{(t)} s_{d,k} \right\|_2} \qquad 式(6\text{-}18)$$

式中,迭代次数 $t=0,\cdots,T-1$。经过 $T$ 轮迭代,输出 $z_{u,k}^{(T)}$ 为用户 $u$ 的最终在第 $k$ 个子空间下的表示,从而获得 $y_u = [z_{u,1}, z_{u,2}, \cdots, z_{u,K}]$。

算法 6-1　邻域路由算法

**Algorithm 1** Neighborhood Routing Algorithm

**Require**：

$s_{i,k}, i \in \{u\} \cup \{d:(u,d) \in \mathcal{E}\}, 1 \leqslant k \leqslant K$；

**Ensure**：

$z_{u,k}, 1 \leqslant k \leqslant K$；

1：$\forall k=1,\ldots,K: z_{u,k} \leftarrow s_{u,k}$

2：**for** $T$ iterations **do**

3：　**for** $d$ that satisfies $(u,d) \in \mathcal{E}$ **do**

4：　　$\forall k=1,\cdots,K: r_{d,k} \leftarrow z_{u,k}^{\top} s_{d,k}$

5：　　$\forall k=1,\cdots,K: r_{d,k} \leftarrow \mathrm{softmax}(r_{d,k})$

6：　**end for**

7：　**for** factor $k=1,2,\ldots,K$ **do**

8：　　$z_{u,k} \leftarrow s_{u,k} + \sum_{d:(u,d)\in\mathcal{E}} r_{d,k} s_{d,k}$

9：　　$z_{u,k} \leftarrow z_{u,k}/\|z_{u,k}\|_2$

10：　**end for**

11：**end for**

12：**return** $z_{u,k}$

以上展示了具有偏好解耦功能的单个图卷积层,该层卷积了来自一阶邻居的信息。为了从高阶邻域捕获信息并学习高层级的特征,本方法将多层卷积层堆叠。特别地,其使用了 $L$ 层并获得最终的用户 $u$ 的解耦表示 $y_u^{(L)} \in R^{K\Delta n}$ ($K\Delta n = l_{\text{out}}$) 和新闻 $d$ 的表示 $y_d^{(L)}$,其中 $\Delta n$ 是解耦子空间的维度。

(2)偏好正则器

理所当然,本方法希望每个解耦的子空间都能独立地反映某一个潜在偏好因素。由于训练数据中没有明确的标签来指示用户的偏好,因此我们设计了一种新颖的偏好正则器,最大化信息理论中两个随机变量之间的相关性,从而增强偏好因素和解耦的表示之间的关系。根据文章[188],互信息最大化可以转换为以下形式。

给定用户 $u$ 的第 $k$ 个潜在子空间的表示 ($1 \leqslant k \leqslant K$),偏好正则器 $P(k|z_{u,k})$ 用于估计 $z_{u,k}$ 属于第 $k$ 个子空间(即第 $k$ 个偏好)的概率:

$$P(k|z_{u,k}) = \mathrm{softmax}(W_p \cdot z_{u,k} + b_p) \qquad 式(6\text{-}19)$$

式中,$W_p \in R^{K\Delta n}$,$P(\cdot)$ 中参数在用户与新闻之间共享。

**4. 模型训练**

最后,本方法添了加一个全连接层,即 $y'_u = W^{(L+1)\mathrm{T}} y_u^{(L)} + b^{(L+1)}$,其中 $W^{(L+1)} \in R^{K\Delta n \times K\Delta n}$,$b^{(L+1)} \in R^{K\Delta n}$。并利用简单的点积来计算新闻点击概率分数,由公式 $\hat{s}(u,d) = {y'_u}^{\mathrm{T}} y'_d$ 计算得到。

一旦获得点击概率分数 $\hat{s}<u,d>$，就可以利用真实标签 $y_{u,d}$ 为训练样本 $<u,d>$ 定义如下的基本损失函数：

$$\mathcal{L}_1 = -[y_{u,d}\ln(\hat{y}_{u,d}) + (1-y_{u,d})\ln(1-\hat{y}_{u,d})] \quad 式(6-20)$$

式中，$\hat{y}_{u,d} = \sigma(\hat{s}<u,d>)$。

然后，本方法为 $u$ 和 $d$ 添加一个偏好正则项，损失函数为

$$\mathcal{L}_2 = -\frac{1}{K}\sum_{k=1}^{K}\sum_{i\in\{u,d\}}\ln P(k|z_{i,k}) \quad 式(6-21)$$

整体的训练损失可以被重写为

$$\mathcal{L} = \sum_{(u,d)\in T_{train}}((1-\lambda)\mathcal{L}_1 + \lambda\mathcal{L}_2) + \eta\|\Theta\| \quad 式(6-22)$$

请注意，在训练和测试期间，没有被任何用户点击过的新闻将被视为图中的孤立节点。其表示仅基于内容特征 $h_d$ 而不进行邻居聚合，也可以通过式(6-16)进行解耦。

## 6.2.4 实验及分析

**1. 数据集和实验设置**

数据集。本方法通过挪威新闻网站对现实世界在线新闻数据集 Adressa[174] 进行实验，以评估 GNUD。这里使用两个名为 Adressa1week 和 Adressa-10week 的数据集，它们分别收集长达 1 周和 10 周的新闻点击日志。根据 DAN[154]，实验中只需选择用户 ID，新闻 ID，时间戳，新闻标题和新闻内容概要即可构建实验数据集，并通过删除新闻内容中的停用词来对数据进行预处理。表 6-5 所示为最终数据集的统计信息。对于 Adressa-1week 数据集，实验中使用前 5 天的历史数据，用于构建 user-news 二部图，第 6 天用于建立训练样本：$\{(u,d)\}$。从最后一天随机抽取 20% 进行验证，其余的作为测试集。请注意，在测试过程中，使用前 6 天的所有历史数据来重构图。同样，对于 Adressa-10 周的数据集，实验中使用前 50 天的数据构图，随后 10 天用于生成训练对，最后 10 天的 20% 用于验证，而 80% 用于测试。请注意，对于基线方法，将前 5(50) 天的数据用于构建用户的历史数据，接下来的一(10) 天用于生成训练对。对于所有模型，最近一(10) 天构建的验证和测试集也相同。

表 6-5 数据集统计

| 数目 | 1 周 | 10 周 |
| --- | --- | --- |
| 用户 | 537 629 | 590 674 |
| 新闻 | 14 732 | 49 994 |
| 点击 | 2 107 312 | 15 127 204 |
| 词表 | 116 603 | 279 214 |
| 实体类型 | 11 | 11 |
| 平均词数 | 4.03 | 4.10 |
| 平均实体数 | 22.11 | 21.29 |

实验设置。在实验中，将单词/实体表示和实体类型表示的维度分别设置为 $n_1 = n_2 = 50$，将输入用户和新闻嵌 $l_{in}$ 的维度设置为 128。单词，实体，实体类型和用户的嵌入用高斯

分布 $N(0,0.1)$ 随机初始化。由于数据集的规模较大,实验中根据用户和新闻的平均度,为用户采样了一组固定大小的邻居(大小=10),为新闻邻居个数设置 30。潜在偏好因素的数量为 $K=7$,每个解耦的子空间的维度为 $\Delta n=16$。图卷积层的数量设置为 2。dropout 为 0.5。平衡系数 $\lambda$ 被设定为 0.004。模型用步长 0.001 的不同 $\lambda$ 值测试模型,发现在 [0.001, 0.02] 内均不敏感,最后利用 Adam[108] 算法优化模型,学习率设为 0.0005。批量训练大小为 128。所有超参都根据验证集调优。

值得注意的是本方法的模型在训练或测试期间可以处理用户-新闻交互图 $\mathcal{G}$ 中不存在的新的新闻文档。模型将这些新闻文档作为图 $\mathcal{G}$ 中的孤立节点。它们的表示仅基于内容特征 $h_d$ 而没有邻居信息的聚集,也可以通过式(6-16)进行解耦。

**2. 性能评估**

我们通过与以下最新的基线方法进行比较评估模型 GNUD 的性能:

LibFM[189],一种基于特征的矩阵分解方法,将新闻标题和内容概要的 TF-IDF 向量拼接起来作为输入。

CNN[34],运用两个并行的 CNN 分别将新闻标题中和内容概要的单词序列拼接起来得到特征,从用户的点击历史记录中学习用户表示。

DSSM[152],一种深度结构的语义模型。在实验中,我们将用户点击的新闻建模为 query,将候选新闻建模为 documents。

Wide&Deep[168],一个深度推荐模型,结合了(宽)线性模型和(深)前馈神经网络。我们还使用新闻标题和内容概要表示的拼接作为特征。

DeepFM[169],该模型结合了共享输入的矩阵分解和深度神经网络。在 DeepFM 中使用与 Wide&Deep 相同的输入。

DMF[163],一种基于 CF 的深度矩阵分解模型,不考虑新闻内容。DKN(Wang 等,2018),一个基于内容的新闻推荐深度框架,融合了语义级别和知识级别的表示。我们分别将新闻标题和内容概要建模为语义级别和知识级别的表示。

DAN[154],一种用于新闻推荐的注意力神经网络,可以捕获新闻的动态多样性和用户的兴趣,并考虑用户的点击顺序信息。

GNewsRec[180],一种基于图神经网络的方法,结合了长期和短期兴趣建模来进行新闻推荐。

以上所有基线均根据相应的论文初始化,就神经网络模型而言,我们使用相同的词嵌入维度进行公平比较,然后进行细调,以达到最佳性能。我们将每个实验独立重复 10 次,并报告平均效果。

结果分析。表 6-6 总结了不同方法之间的比较。可以观察到,模型 GNUD 在两个不同大小数据集上均优于所有最新的基线方法。GNUD 在两个数据集上相对于最佳深度神经模型 DKN 和 DAN 的提升均超过了 6.45%(AUC)和 7.79%(F1)。主要原因是模型充分利用了用户新闻交互图中的高阶结构信息,从而更好地学习了用户和新闻的表示。与最佳基线方法 GNewsRec 相比,模型 GNUD 在两个数据集的 AUC(提升分别为 +2.85% 和 +4.59%)和 F1(分别为 +1.05% 和 +0.08%)指标上都实现了更好的性能。这是因为我们的模型考虑了导致用户新闻交互的潜在偏好因素,并学习了发现和解耦这些潜在偏好因素的表示,从而增强了表达能力。从表 6-6 中还可以看到,所有基于内容的方法都优于基于

CF 的模型 DMF。这是因为基于 CF 的方法受到冷启动问题的影响,因为大多数新闻都是新出现的。除了 DMF 之外,所有基于深度神经网络的基线方法(例如 CNN、DSSM、Wide&Deep、DeepFM 等)都大大优于 LibFM,这表明深度模型可以捕获更多隐含但有用的用户和新闻表示特征。DKN 和 DAN 通过结合外部知识并运用动态注意力机制来进一步提升性能。

表 6-6 新闻推荐不同方法性能的比较

| 方法 | 1 周 | | 10 周 | |
|---|---|---|---|---|
| | AUC | F1 | AUC | F1 |
| LibFM | 61.20±1.29 | 59.87±0.98 | 63.76±1.05 | 62.41±0.72 |
| CNN | 67.59±0.94 | 66.33±1.44 | 69.07±0.95 | 67.78±0.69 |
| DSSM | 68.61±1.02 | 69.92±1.13 | 70.11±1.35 | 70.96±1.56 |
| Wide&Deep | 68.25±1.12 | 69.32±1.28 | 73.28±1.26 | 69.52±0.83 |
| DeepFM | 69.09±1.45 | 61.48±1.31 | 74.04±1.69 | 65.82±1.18 |
| DMF | 55.66±0.84 | 56.46±0.97 | 53.20±0.89 | 54.15±0.47 |
| DKN | 75.57±1.13 | 76.11±0.74 | 74.32±0.94 | 72.29±0.41 |
| DAN | 75.93±1.25 | 74.01±0.83 | 76.76±1.06 | 71.65±0.57 |
| GNewsRec | 81.16±1.19 | 82.85±1.15 | 78.62±1.38 | 81.01±0.64 |
| GNUD w/o Disen | 78.33±1.29 | 79.09±1.22 | 78.24±0.13 | 80.58±0.45 |
| GNUD w/o PR | 83.12±1.53 | 81.67±1.56 | 80.61±1.07 | 80.92±0.31 |
| GNUD | 84.01±1.16 | 83.90±0.58 | 83.21±1.91 | 81.09±0.23 |

GNUD 变体的比较。通过在模型的变体之间进行比较,我们可以进一步证明模型 GNUD 设计的有效性。从表 6-6 的最后三行我们可以看到,当去除偏好解耦后,GNUD w/o Disen 模型(不具有偏好解耦的 GNUD)的性能在 AUC 指标上会大幅度下降 5.68% 和 4.97%(两个数据集上的 F1 上分别为 4.81% 和 0.51%)。该观察表明用户和新闻的偏好解耦表示的有效性和必要性。与不带 PR 的 GNUD(不带正则器的 GNUD)相比,我们可以看到,引入正则器项可加强每个解耦的嵌入子空间的独立性,从而分别反映单一的偏好,它可以在 AUC(分别为 +0.89% 和 +2.6%),以及 F1(分别为 +2.23% 和 +0.17%)上带来性能提升。

**3. 案例分析**

为了直观地展示我们的模型的有效性,我们对用户 $u$ 进行随机抽样,并从测试集中提取其日志。用户 $u$ 的表示被解耦到 $K=7$ 个子空间,随机采样其中 2 个子空间。对于每一个,我们都可视化用户 $u$ 最关注的新闻($r_{d,k}$ 大于阈值)。如图 6-5 所示,不同的子空间反映了不同的偏好因素。例如,一个子空间(蓝色)与"能源"相关,因为头两个新闻包含诸如"石油工业""氢"和"风能"之类的关键字。另一个子空间(绿色)可能指向有关"健康饮食"的潜在偏好因素,因为相关新闻包含诸如"健康""维生素"和"蔬菜"之类的关键字。关于家庭的新闻 $d_3$ 在两个子空间中的概率都较低,因此它不属于这两个偏好因素。

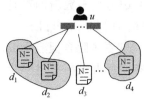

| News | Keywords |
|---|---|
| $d_1$ | norway oljebransjen (Norway oil industry), norskehavet (Norwegian sea), helgelandskysten (Helgeland coast), hygen (hygen), energy (energy), trondheim (a city) |
| $d_2$ | Statkraft (State Power Corporation of Norway), trønderenergi (tronder energy), snillfjord (snill fjord), trondheimsfjorden (trondheim fjord), vindkraft (wind power), energy (energy) |
| $d_3$ | Bolig (residence), hage (garden), hjemme (home), fossen (waterfall), hus (house), home (home) |
| $d_4$ | health-and-fitness (health and fitness), mørk sjokolade (dark chocolate), vitaminrike (vitamin), olivenolje (olive oil), grønnsaker (vegetables), helse (health) |

图 6-5 可视化用户点击的新闻,这些新闻属于不同的解耦空间(不同的偏好因素)。我们使用 6 个关键词(翻译成英文)来说明新闻内容

**4. 参数分析**

在本小节中,我们主要介绍某些超参数的不同选择如何影响 GNUD 的性能。

**层数分析** 研究 GNUD 性能是否可以从多个表示传播层中得到提升。本方法在两个数据集上的层数在 $\{1,2,3\}$ 的范围内变化。如表 6-7 所示,GNUD-2(2 层)优于其他。原因是 GNUD-1 仅考虑一阶邻居,而使用 2 层以上可能会导致过拟合,这表明利用过深的结构可能会给新闻推荐任务中的表示带来噪声。因此,GNUD-2 可以视为最合适的选择。

表 6-7 不同层数的 GNUD 表现

| 方法 | 1 周 | | 10 周 | |
|---|---|---|---|---|
| | AUC | F1 | AUC | F1 |
| GNUD-1 | 80.96 | 79.86 | 82.22 | 80.61 |
| GNUD-2 | 84.01 | 83.90 | 83.21 | 81.09 |
| GNUD-3 | 84.03 | 82.18 | 83.05 | 80.93 |

**潜在偏好因素的数量** 固定每个潜在偏好子空间的维数为 16,并检查潜在偏好因素数目 $K$ 的影响。如图 6-6(a) 所示,我们可以发现随着 $K$ 的增加,性能首先增长,在 $K=7$ 时达到最佳,然后开始缓慢下降。因此,在主实验中设 $K=7$。

**路由迭代次数** 我们研究了不同路由迭代次数的性能。如图 6-6(b) 所示,可以看到模型通常通过更多的路由迭代获得更好的性能,并在 7 次迭代后最终实现收敛。

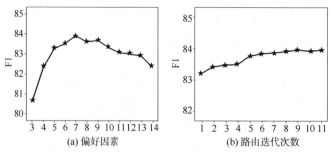

图 6-6 不同数量的偏好因素和路由迭代次数的影响

## 6.3 本章总结

在本章中，我们深入探讨了基于图的新闻推荐系统，并介绍了两种创新模型：GNewsRec 和 GNUD。GNewsRec 模型通过构建一个异构的用户-新闻-主题图来解决用户-物品交互的稀疏性问题，并运用图卷积网络来学习用户和新闻的嵌入。这种方法不仅编码了高阶信息，还通过结合长期和短期兴趣（分别通过历史用户点击和基于注意力的 LSTM 模型捕获）来提高推荐质量。另外，GNUD 模型关注于用户新闻交互背后的高阶连接和潜在的偏好因素。该模型视用户新闻交互为二部图，并通过图卷积编码用户和新闻之间的高阶关系。它采用邻域路由机制对学习到的表示进行偏好解耦，增强了表达能力和可解释性，并通过偏好正则器进一步提升用户和新闻表示的质量。

这两种模型均展示了图神经网络在新闻推荐中的应用价值，证明了利用图结构能有效捕获用户与新闻之间的复杂互动和潜在偏好。通过这些先进技术，我们能更准确地表示用户与物品之间的关系，从而提升推荐系统的性能。这一发展不仅对新闻推荐领域具有重要意义，也为电商、社交媒体和其他领域的推荐系统提供了宝贵的洞察。通过深入理解和应用图神经网络，我们可以更好地满足用户需求，提高用户满意度和商业价值。

# 第 7 章

# 基于图的人格检测

人格特征是指个体在行为、情感、动机和思维方面的稳定的特点,它可以影响个体的生活选择、幸福感、健康状况以及喜好和欲望。人格检测旨在识别社交媒体帖子中潜在的人格特征。现有的大部分研究主要致力于基于标记数据学习帖子的表示。然而,真实的人格特征是通过耗时的问卷收集的。因此,其中一个最大的限制在于缺乏这个数据需求量庞大的任务的训练数据。此外,应考虑到人格特征之间的相关性,因为它们是能够帮助共同识别这些特征的重要心理线索。在这篇论文中,我们为每个用户构建了一个全连接的帖子图,并提出了一种新颖的对比图变换网络模型(CGTN),该模型基于标记和未标记数据提取了图的潜在标签。具体而言,我们的模型首先通过自我监督的图神经网络(GNN)探索学习帖子的嵌入表示。我们设计了两种类型的帖子图增强方法,以结合基于语言查询和词汇计数(LIWC)以及帖子语义的不同先验知识。然后,在帖子图的嵌入表示的基础上,利用基于 Transformer 的解码器和帖子-特质注意力机制逐步生成特质。在两个标准数据集上的实验表明,我们的 CGTN 模型在人格检测方面优于现有的最先进方法。

## 7.1 引　　言

人格是指一个人在思维、情感和决策方面的特征模式[190]。人格检测是用户个人资料研究中的一个新兴课题,旨在从用户创建的在线文本中识别其人格特征,并已扩展到包括推荐系统[191]、对话系统[192,193]和计算机游戏设计[194]在内的广泛应用中。

随着社交媒体的蓬勃发展,用户每天产生大量包含其心理活动的帖子,为自动推断人格特征提供了新的可能性[195]。早期的研究者主要使用两种词汇特征源,即语言查询和词汇计数(LIWC)[196]和医学研究委员会(MRC)[197],从用户生成的帖子中识别人格特征[198]。为了克服手动特征工程的问题,深度神经网络(DNN)被应用于人格检测任务,以获得帖子的表示。然而,理解帖子背后隐藏的人格特征并不容易。最近的大部分工作都致力于从帖子结构的角度来优化帖子的表示[199-201]。尽管在人格检测方面取得了相当大的改进,但由于真实的人格特征通常是通过专业问卷收集的,这些问卷往往需要大量资源和时间,现有模型很可能会面临人格标签稀缺的问题。因此,这些宝贵的人格标签很难收集,这限制了深度神经网络的训练,并且使得从帖子中推断人格变得困难。

此外,人格是根据不同维度(特质)定义的,这些特质经常以不可忽视的相关性共同出现,这在经验心理学研究中已经得到确认[202,203]。例如,神经质的人更有可能是外向的,比如特朗普。然而,这种隐含特质相关性很少被利用,而它们应该是人格检测中应考虑的关键心理线索。

考虑到数据稀缺性和特质之间的相关性,我们将用户生成的帖子建模为一个全连接的帖子图,并提出了一种新颖的对比图变换网络模型(CGTN)用于人格检测,该模型根据标记和未标记数据提取图的潜在标签。具体而言,CGTN 包括对比帖子图编码器和特质序列解码器。在帖子图编码器中,设计了两种类型的图增强方法,以结合基于 LIWC 的心理语言学知识和帖子语义的不同先验。具体而言,LIWC 可以用于提取心理语言学特征,而帖子语义能够捕捉帖子之间的语义关系。我们定义了一种自我监督范式,通过最大化来自同一用户的增强图的表示之间的一致性来学习帖子嵌入。这种对比策略使我们能够在不使用任何标记数据的情况下学习帖子的嵌入。在特质序列解码器中,我们将多特质检测任务视为一个特质序列生成问题,并应用基于 Transformer 的解码器来建模特质之间的相关性。此外,我们使用帖子到特质的注意力机制,确保关键帖子被选择用于特质生成。

总结起来,我们的主要贡献如下:

(1)据我们所知,这是第一次尝试使用对比自监督学习来提取人格检测的辅助信号,为缓解人格检测的数据稀缺性提供了新的视角。

(2)我们提出了一种新颖的对比图变换网络(CGTN)模型,其中设计了两种类型的图增强方法,以结合基于 LIWC 和帖子语义的先验知识,并通过利用序列生成模型明确引入特质相关性。

(3)实验结果表明,我们的模型在包括最先进方法在内的基准模型上表现出色,证明了我们模型的有效性。

## 7.2 相关工作

作为一门新兴的跨学科研究,人格检测引起了计算机科学家和心理学家的关注[200,204,205]。

早期的研究主要利用心理统计特征来检测人格[198],例如 LIWC[196] 和 MRC[197]。然而,统计分析无法有效地表示帖子的原始语义。随着深度学习的快速发展,一系列深度神经网络(DNN)被应用于人格检测任务并取得了巨大成功,包括 CNN[204]、LSTM[52] 等。最近,人格检测受益于大规模预训练语言模型,如 BERT[52],从而得到改进[205,206]。基于这些预训练模型,最新的工作侧重于从帖子结构的角度优化帖子表示。

文献[199]设计了 SN+Attn,引入了分层注意力网络,以自下而上的方式从词级到帖子级获得用户文档表示,认为并非每个帖子的贡献相同。为了避免引入帖子顺序偏差,Transformer-MD[201]认为不同的帖子之间是相互无关的。然而,TrigNet[200]持有不同观点,认为帖子之间存在心理语言学结构,并为每个用户构建异构图,从心理学角度聚合帖子信息。

然而,上述方法主要集中在通过监督范式获取用户帖子的表示。对于人格检测任务,人工提供的标签很难收集,因此模型往往会在训练数据上过拟合,并在测试数据上表现不佳。在这项工作中,为了解决这个问题,我们开发了一种新颖的对比图变换模型用于人格检测,通过对比自监督学习充分利用有标签和无标签数据。

## 7.3 算法模型

人格检测可以被定义为一个多文档多标签分类任务[199,201]。形式上,给定一个用户的帖子集合 $P=\{p_1,p_2,\cdots,p_n\}$,其中 $p_i=\{w_i^1,w_i^2,\cdots,w_i^k\}$ 是第 $i$ 个帖子,包含 $k$ 个标记,我们的目标是从特质特定的标签空间 $Y=\{y_1,y_2,\cdots,y_t\}$ 中预测 $t$ 维人格特征。例如,在 MBTI 分类中 $t=4$,在大五人格分类中 $t=5$。在本书中,我们将用户生成的文档建模为帖子之间的图。对于每个包含 $n$ 个帖子的用户,我们构建一个完全连接的原始图 $G=(V,E)$,其中 $V$ 包含 $n$ 个帖子节点,边 $E$ 捕捉帖子之间的相关性。我们使用 BERT 获取每个帖子节点的初始嵌入。然后,基于帖子图,我们提出了一个对比图变换网络模型(CGTN)用于人格检测。

图 7-1 所示为提出的 CGTN 的整体架构,它由对比的帖子图编码器和特质序列解码器组成。编码器旨在通过在帖子图上进行自我区分来学习丰富的帖子表示,而解码器则旨在揭示包含在人格相关性中的心理线索。在接下来的内容中,我们详细介绍对比的帖子图编码器和特质序列解码器。

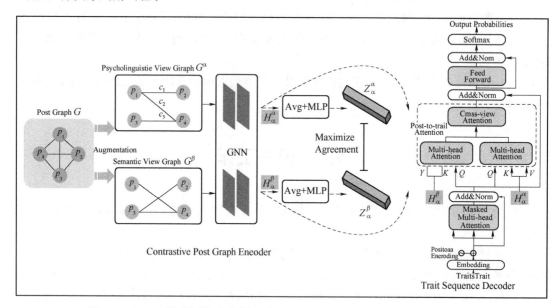

图 7-1 CGTN 模型概览,它包括一个对比后图编码器和一个特征序列解码器

### 7.3.1 对比的帖子图编码器

在对比的帖子图编码器中,我们设计了基于 LIWC 的心理语言学知识和帖子语义的两

种图增强方法。然后,利用增强的图进行对比自监督学习,通过判断两个增强的图是否来自同一用户来学习帖子表示。

(1) 帖子图增强

人格检测的核心是理解一组用户生成的帖子。先前的研究表明,挖掘帖子结构中的内在模式有助于表示。自监督学习使我们能够通过对输入数据进行扰动来利用"无标签"数据。自然地,我们可以为每个用户生成多视图的帖子图来构建"无标签"数据。具体而言,我们使用 LIWC 构建心理语言学视图图 $G^{\alpha}$[200]。LIWC 词典将单词分为心理学相关的类别 $C=\{c_1,c_2,\cdots,c_n\}$,可以将其视为连接不同帖子节点的桥梁。如果两个帖子包含相同类别的单词,则将它们连接起来。对于语义视图图 $G^{\beta}$,我们在帖子之间建立边缘,如果它们的语义相似度大于给定的阈值。语义相似度是基于初始帖子嵌入的余弦相似度计算得出的。

(2) 图对比自监督学习

对比自监督学习提供了一种简单的方法,在不使用任何标记数据的情况下,通过对输入数据进行局部扰动来学习不变的表示。在我们的任务中,我们随机采样一批 $U$ 个用户,并将来自同一用户的增强图对 $(G^{\alpha},G^{\beta})$ 视为正样本对。否则,它们被标记为负样本。我们学习预测两个增强图是否来自同一用户。接下来,我们首先介绍如何学习图的表示,然后说明对比损失。

具体而言,为了获得图的表示,我们首先使用图神经网络(GNN)捕捉节点邻域内的结构信息[207]。第 $L$ 层的 GNN 通过以下方式更新帖子节点嵌入 $h^p$:

$$h_p^L = \text{GNN}(h_{p'}^{L-1}) \qquad 式(7\text{-}1)$$

式中,$p'$ 是在给定的增广图上的后节点 $p$ 的邻域节点。$h_p^L$ 是节点 $p$ 在 $L$ 层的嵌入。在获得具有融合邻居信息的后节点嵌入后,我们将它们通过平均池化层和两层 MLP,得到整个图的表示:

$$z_u = \text{MLP}(\text{Avg}(h_p^L)), u \in U \qquad 式(7\text{-}2)$$

基于上述图的嵌入情况,将用户 $u$ 的心理语言学增强图和语义增强图分别用 $z_u^{\alpha}$ 和 $z_u^{\beta}$ 表示。给定一个正对 $(z_u^{\alpha},z_u^{\beta})$ 和一个负对 $(z_v^{\alpha},z_v^{\beta})$,它是从同一批中其他用户 $v$ 的增广图中采样的。对比损失 $L_{cl}$ 的定义为最大限度地提高正对与负对之间的一致性:

$$L_{cl} = \sum_{u \in U} -\log \frac{\exp\left(\frac{\text{sim}(z_u^{\alpha},z_u^{\beta})}{\tau}\right)}{\sum_{v \in U}\exp\left(\frac{\text{sim}(z_u^{\alpha},z_v^{\beta})}{\tau}\right)} \qquad 式(7\text{-}3)$$

式中,$\text{sim}(\cdot)$ 表示余弦相似度,$\tau$ 为温度超参数。

### 7.3.2 特质序列解码器

不同于单一特质分类,其中每个样本只分配一个标签,我们设计了一个具有 Transformer[25] 骨干结构的解码器,以通过序列生成架构捕捉特质之间的相关性。此外,我们设计了从帖子到特质的注意力机制,以选择用于特质生成的关键帖子。形式上,特质生成可以被建模为找到最大化条件概率的最佳特质序列 $y^*$:

$$P(\mathbf{y}|\mathbf{H}_u^{\alpha},\mathbf{H}_u^{\beta}) = \prod_{t=1}^{T} p(\mathbf{y}_t|\mathbf{y}_1,\mathbf{y}_2,\cdots,\mathbf{y}_{t-1};\mathbf{H}_u^{\alpha},\mathbf{H}_u^{\beta}) \qquad 式(7\text{-}4)$$

式中，$H_u^\alpha = [h_{p_t}^\alpha, h_{p_s}^\alpha, \cdots, h_{p_n}^\alpha]$ 是基于心理语言学视图图 $G^\alpha$ 的帖子序列，类似地，$H_u^\beta$ 是基于语义视图图 $G^\beta$ 的帖子序列。

如图 7-1 右侧所示，解码器由 $M$ 个相同的块组成，每个块包含一个多头自注意力层、一个帖子到特质的注意力层和一个前馈层。形式上，第 $m$ 个解码块的第一个子层 $C^m$、第二个子层 $D^m$ 和第三个子层 $E^m$ 的输出依次计算为

$$C^m = \text{LN}(\text{SATT}(E^{m-1}) + E^{m-1}) \qquad 式(7\text{-}5)$$

$$D^m = \text{LN}((\text{PTATT}(C^m, H_u) + C^m)) \qquad 式(7\text{-}6)$$

$$E^m = \text{LN}(\text{FFN}(D^m) + D^m) \qquad 式(7\text{-}7)$$

式中，LN(·) 表示层归一化，SATT(·) 表示多头自注意力机制，PTATT(·) 是我们插入的帖子到特质的注意力层，FNN(·) 是前馈网络，$H_u = \{H_u^\alpha, H_u^\beta\}$ 分别表示两个帖子序列。

（1）后向特质注意力

我们设计后向特质注意力子层，从两个增强视图中选择关键的帖子来产生特质。插入子层包括两个步骤：首先，将两个特定于视图的后置序列 $H_u^\alpha$ 和 $H_u^\beta$ 同时送入解码模块。对于每个解码步骤，解码器独立处理每个视图，并获得两个上下文序列 $(C_{p\to t}^m)^\alpha$ 和 $(C_{p\to t}^m)^\beta$，公式为

$$C_{p\to t}^m = \text{ATT}(C^m, H_u) \qquad 式(7\text{-}8)$$

随后，我们利用两个序列上的交叉视图自注意来控制每一步不同视图的不同贡献。形式为

$$\text{PTATT}(\cdot) = \text{SATT}((C_{p\to t}^m)^\alpha, (C_{p\to t}^m)^\beta) \qquad 式(7\text{-}9)$$

（2）特征生成

最后，利用解码器 $E^m$ 后一层的输出，通过线性和 softmax 层对人格进行检测。解码器生成的第 $t$ 个特征可以形式化为

$$\hat{y}_t = \text{softmax}(WE^m + I_t) \qquad 式(7\text{-}10)$$

式中，$\hat{y}_t$ 是解码步骤 $t$ 的掩码向量，用于防止解码器检测到重复的特征。在推理阶段，进一步使用 $\hat{y}_t$ 作为下一代步骤的输入令牌来检测 $(t+1)$ 时刻的人格状态：

$$(I_t)_{t'} = \begin{cases} -\infty & \text{if the } t'\text{-th traits has been detected} \\ 0 & \text{otherwise} \end{cases} \qquad 式(7\text{-}11)$$

根据 SGM[208]，我们使用束搜索来寻找生成时排名最高的预测路径。最后的输出使用所有特征的平均二进制交叉熵进行训练。给定真二值标记向量 $y_t$ 和预测标记 $\hat{y}_t$，检测损失为

$$L_{\text{det}} = -\sum_{u=1}^{U} \sum_{t=1}^{Y} (y_t \log(\hat{y}_t) + (1 - y_t) \log(1 - \hat{y}_t)) \qquad 式(7\text{-}12)$$

### 7.3.3 模型训练

我们采用了两种训练策略，包括预训练和联合学习。对于预训练策略，模型在一个两阶段的范式中进行训练。给定一组无标签的帖子图，一种直接的对比方法是预测两个增强图是否相似。训练之后，我们在下游的特质生成任务中对预训练的图嵌入进行微调。对于联合学习策略，我们包含了一个辅助自监督任务来帮助学习监督检测任务，并且两个任务共享

相同的图编码器。我们的训练目标是最小化与人格检测任务和帖子图对比自监督学习任务相对应的交叉熵损失和对比损失。形式上,目标函数定义如下:

$$L = L_{det} + \lambda L_{cl} \quad \text{式(7-13)}$$

式中,$\lambda$ 是一个权衡参数,用于控制对比学习 $L_{cl}$ 的强度。

## 7.4 实验及分析

### 7.4.1 数据集

我们按照之前的研究,在 Kaggle① 数据集和 Essays 数据集上进行实验,其中 Kaggle 数据集采用 MBTI 分类法,Essays 数据集采用大五分类法。Kaggle 数据集是从 PersonalityCafe 收集的,人们在该平台上分享他们的人格类型和日常交流,总共有 8 675 个用户,每个用户有 45~50 个帖子。Kaggle 数据集的特质,即 MBTI 分类法,包括内向/外向、感觉/直觉、思考/情感和知觉/判断。Essays 数据集[209]是一个著名的意识流文本数据集,包含 2 468 个匿名用户,每个用户大约有 50 个句子记录。每个用户被标记为大五分类法的二进制标签,包括开放性、责任心、外向性、宜人性和神经质。两个数据集分别随机划分为 6:2:2 的训练集、验证集和测试集。在 Essays 数据集上采用 F1 指标进行评估。在每个人格特质上采用宏平均 F1 指标评估性能,因为 Kaggle 数据集存在不平衡问题。需要注意的是,由于隐私和高昂的数据收集成本,带有标准标签的可用人格数据集很少。2018 年,由于隐私泄露,MyPersonality 数据集停止分享,该数据集是世界上最大的人格数据集。

### 7.4.2 基线模型

我们将我们的模型与几个基线模型进行比较,可以分为以下几类。
- BiLSTM[52]是一种序列模型,首先用于对每个帖子进行编码,然后使用平均帖子表示来表示用户。
- AttRCNN[204]是一种分层结构,其中使用基于 CNN 的聚合器来获取用户表示。
- BERT 是一种预训练语言模型,Mehta 等[205];Ren 等[207]进行了大量实验,以找到人格检测的最佳配置。
- SN+Attn[199]是一种分层网络,其中使用带有注意力机制的 GRU 来编码单词和帖子序列以获取用户表示。
- TrigNet[200]是一种新颖的三部分图注意力网络,从心理学的角度聚合每个用户的不同帖子。
- Transformer-MD[201]是一种新颖的多文档 Transformer,它通过聚合不同的帖子来描述每个用户的人格特征,而不引入帖子顺序。

---
① kaggle.com/datasnaek/mbti-type

## 7.4.3 实现细节

按照之前的工作[200,201],我们将每个用户的最大帖子数设置为50,每个帖子的最大长度设置为70。对于预训练,初始学习率在$\{1e^{-2},1e^{-3},1e^{-4}\}$中进行搜索,以优化不同数据集上的对比损失。mini-batch 大小设置为64。温度 $\tau$ 设置为 0.15。当验证损失连续 10 个 epoch 不再下降时,采用早停策略。对于联合学习,我们在$\{1,0.1,0.001,0.0001\}$中搜索不同数据集的权衡参数 $\lambda$。初始学习率也在$\{1e^{-2},1e^{-3},1e^{-4}\}$中进行搜索。批量大小、早停的耐心和温度的设置与预训练策略相同。

## 7.4.4 总体结果

总体结果如表 7-1 和表 7-2 所示。主要结果可总结如下:首先,我们可以观察到我们的最终模型 $CGTN_{joint}$ 在两个数据集上都取得了最高分,与当前最先进模型 TrigNet 相比,在 Kaggle 数据集上的得分提高了 2.75 个点(t 检验 $p<0.01$),在 Essays 数据集上的得分提高了 4.98 个点(t 检验 $p<0.01$)。此外,通过预训练策略,我们的模型 $CGTN_{pretrain}$ 也相对于当前最先进的模型 TrigNet 取得了显著突破。这些结果验证了我们的模型在人格检测中的有效性。我们认为原因有两个方面:①我们的模型 CGTN 使用对比自监督学习来学习更好的帖子表示,减少了在小训练集上过拟合的风险。②很好地捕捉到了特质之间的相关性,为人格检测注入了一些心理线索。其次,与基线模型相比,$CGTN_{pretrain}$ 和 $CGTN_{joint}$ 在 Essays 数据集上表现更好,我们测量了训练集和测试集之间相应分数的差异,与在每个数据集上的监督范式方法 TrigNet 相比,发现在 $CGTN_{pretrain}$ 和 $CGTN_{joint}$ 下,训练-测试差异小于 TrigNet。这在 Essay 数据集上更为明显,表明我们的方法可以更好地减轻小数据集下的过拟合问题。再次,$CGTN_{joint}$ 通常优于 $CGTN_{pretrain}$。如表 7-1 和表 7-2 所示,在两个数据集上,$CGTN_{joint}$ 的训练-测试差异小于 $CGTN_{pretrain}$,这表明微调表示仍然存在过拟合的风险。联合学习策略可能是更好的选择,因为主任务和辅助任务中的表示相互增强。最后,TrigNet 和 Transformer-MD 相比于 DNN 模型取得了更好的性能,这进一步表明充分利用帖子结构信息对于人格理解是至关重要的。

表 7-1 在 Essays 数据集上用 F1(%)评分的 CGTN 家族和基线的总体结果,其中 ▽ 表示训练得分和测试得分的差异

| Methods | Essays | | | | | | |
| --- | --- | --- | --- | --- | --- | --- | --- |
| | OPN | CON | EXT | AGR | NEU | Average | ▽ |
| BiLSTM | 63.32 | 62.47 | 63.54 | 65.97 | 56.30 | 62.32 | — |
| Bertfinetune | 65.13 | 64.55 | 67.12 | 68.14 | 60.51 | 65.09 | — |
| AttRCNN | 67.84 | 63.46 | 71.50 | 71.92 | 62.36 | 67.42 | — |
| SN+Attn | 68.50 | 64.19 | 72.25 | 70.82 | 68.10 | 68.77 | — |
| Transformer-MD | 70.47 | 68.50 | 72.79 | 71.07 | 69.76 | 69.51 | — |
| TriigNet | 69.52 | 68.27 | 70.01 | 73.12 | 69.34 | 70.05 | 11.26 |

续表

| Methods | Essays | | | | | | |
|---|---|---|---|---|---|---|---|
| | OPN | CON | EXT | AGR | NEU | Average | ▽ |
| CGTNpretrain | 72.28 | 74.75 | 76.21 | 76.01 | 73.77 | 74.60 | 6.46 |
| CGTNjoint | 72.17 | 76.21 | 78.78 | 77.12 | 70.87 | 75.03 | 3.25 |

表 7-2　在 kaggle 数据集上用 Macro-F1(%)评分的 CGTN 家族和基线的总体结果，其中 ▽ 表示训练得分和测试得分的差异

| Methods | Kaggle | | | | | |
|---|---|---|---|---|---|---|
| | I/E | S/N | T/F | P/J | Average | ▽ |
| BiLSTM | 57.82 | 57.87 | 69.97 | 57.01 | 60.67 | — |
| Bertfinetune | 63.57 | 62.15 | 76.41 | 63.04 | 66.29 | — |
| AttRCNN | 59.74 | 64.08 | 78.77 | 66.44 | 67.25 | — |
| SN+Attn | 65.43 | 62.15 | 78.05 | 63.92 | 67.39 | — |
| Transformer-MD | 66.08 | 69.10 | 79.19 | 67.50 | 70.47 | — |
| TriigNet | 69.54 | 67.17 | 79.06 | 67.69 | 70.86 | 6.81 |
| CGTNpretrain | 71.66 | 69.43 | 80.14 | 69.90 | 72.78 | 2.95 |
| CGTNjoint | 71.12 | 70.44 | 80.22 | 72.64 | 73.61 | 2.52 |

## 7.4.5　消融研究

我们对我们的 CGTN$_{joint}$ 模型在两个数据集上进行了消融研究，分别移除了特质相关组件(表示 CGTN$_{w/o\ TC}$)和对比学习组件(表示为 CGTN$_{w/o\ CL}$)，以研究它们的贡献。如表 7-3 所示，我们观察到 CGTN$_{joint}$ 的表现优于 CGTN$_{w/o\ TC}$，表明我们的方法在建模特质相关性方面是有效的。特别是在 Essays 数据集上的性能提升高于 Kaggle 数据集。我们猜测这可能是因为五大人格特质之间的相关性略高于 MBTI 指标之间的相关性。此外，CGTN$_{joint}$ 的性能也优于 CGTN$_{w/o\ CL}$，特别是在 Essays 数据集上，这表明对比学习有助于提高模型的泛化能力，尤其是在小数据集上。

表 7-3　Kaggle 数据集的 Macro-F1(%)评分和 Essays 数据集的 F1(%)评分的消融研究结果，其中"w/o"意味着从原始 CGTN 中删除一个成分

| Methods | Kaggle | | | | | Essays | | | | | |
|---|---|---|---|---|---|---|---|---|---|---|---|
| | I/E | S/N | T/F | P/J | Average | OPN | CON | EXT | AGR | NEU | Average |
| CGTN$_{w/o\ CL}$ | 67.34 | 68.37 | 77.29 | 69.27 | 70.56 | 71.42 | 72.13 | 72.51 | 74.92 | 71.70 | 72.53 |
| CGTN$_{w/o\ TC}$ | 69.83 | 70.42 | 79.55 | 71.21 | 72.74 | 71.59 | 72.84 | 74.63 | 74.20 | 71.13 | 72.96 |
| CGTN$_{joint}$ | 71.12 | 70.44 | 80.22 | 72.64 | 73.61 | 72.17 | 76.21 | 78.78 | 77.12 | 70.87 | 75.03 |

## 7.4.6 训练样本数量的影响

我们将我们的模型与性能最佳的两种基线方法(Transformer-MD 和 TrigNet)进行比较,研究训练集比例的影响。具体而言,我们改变训练样本的数量,并比较它们在 Kaggle 和 Essays 数据集上的性能。我们运行每种方法 10 次并报告平均性能。如图 7-2 所示,随着训练数据的增加,所有方法在宏 F1 和 F1 方面都取得了更好的结果。总体而言,我们的方法始终优于所有其他方法。当提供较少的训练数据时,基线方法的性能明显下降,而我们的模型仍然实现了相对较高的性能。这表明我们的方法可以更有效地利用有限的标记数据进行人格检测。我们认为我们的模型受益于通过对比自监督学习提炼出的辅助信号用于人格检测。

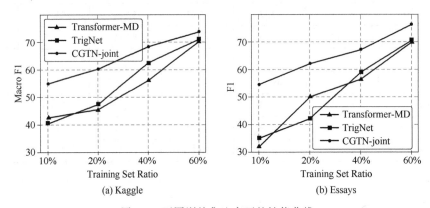

图 7-2 不同训练集比率下的性能曲线

## 7.4.7 权衡参数的影响

图 7-3 所示为当 $CGTN_{joint}$ 中的权衡参数 $\lambda$ 增加时,宏 F1 和 F1 值如何变化。我们可以观察到,得分随着权衡参数 $\lambda$ 的增加而先上升,然后在 $\lambda$ 大于 0.1 时开始下降。这是因为较大的值施加了更强的正则化影响,有助于减少过拟合。然而,如果 $\lambda$ 过高,得分将下降,因为过度的正则化影响会超过检测损失。

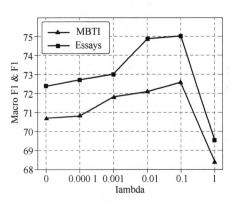

图 7-3 不同权衡参数下的性能曲线

## 7.4.8 训练效率

我们研究了自监督对比学习对训练效率的影响。图 7-4 所示为 $CGTN_{joint}$ 和 $CGTN_{w/o\,CL}$ 在 Kaggle 和 Essays 数据集上的训练曲线。显然,$CGTN_{joint}$ 在两个数据集上的收敛速度比 $CGTN_{w/o\,CL}$ 快得多。特别是,在第 35 个 epoch 时,$CGTN_{joint}$ 就达到了最佳性能并停止了训练,而 $CGTN_{w/o\,CL}$ 在 Kaggle 数据集上需要更多的 epochs。这表明对比学习任务加速了检测进程并有助于学习更好的模型。Essays 数据集显示了相同的趋势,并且 $CGTN_{joint}$ 具有较低的训练损失。以上结果验证了所提出的对比自监督范式在这种数据匮乏的任务中是有效的。

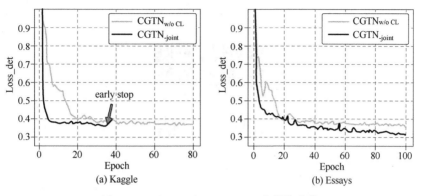

图 7-4　$CGTN_{joint}$ 和 $CGTN_{w/o\ CL}$ 的训练曲线

## 7.5　本章总结

在本章节中,我们提出了一种新颖的对比图转换网络模型(CGTN)用于人格检测。CGTN 旨在引入一种新的学习范式,以缓解人格检测任务中固有的数据稀缺性。为此,我们设计了基于 LIWC 和帖子语义的两种图增强方法,并通过图的自监督对比学习来学习帖子嵌入。此外,我们设计了基于 Transformer 的特征生成架构,以利用人格特质之间的相关性。此外,我们使用帖子到特质的注意力机制来选择关键帖子进行特质生成。最后,对 Kaggle 和 Essays 数据集进行了大量的实验结果证明了我们模型的有效性和效率。

# 第8章

# 总　　结

　　本书系统地介绍了在文本挖掘领域中基于图的方法和技术。通过对传统文本建模方法概述，以及基于异质图的短文本分类、基于图的虚假新闻检测、基于图的知识图谱表示学习、基于图的实体识别、基于图的新闻推荐、基于图的人格检测等任务的研究，我们深入探讨了如何利用图模型来提高文本挖掘和分析的效果。

　　在第1章中，主要对传统文本数据特征提取方法、基于深度学习的文本数据特征提取方法、循环神经网络（RNN）、卷积神经网络（CNN）以及基于图的文本建模进行了概述。通过本章的概述，读者可以了解到不同文本特征提取方法的原理和适用场景，以及图相关方法在文本挖掘中的应用前景。本书的后续章节进一步深入研究和探讨了基于图的自然语言处理任务应用，并给出实际案例和实验分析。

　　在第2章中，我们探讨了基于异质图的短文本分类方法。由于数据稀疏和标注数据有限的问题，传统方法在短文本分类上表现不佳。为了解决这一问题，我们提出了两种方法：HGAT和HGAT-inductive。这两种方法利用异质图神经网络，在有限的标注数据和大量的未标注数据上实现了半监督短文本分类。首先，通过一个灵活的异质信息网络框架对短文本进行建模，捕捉不同类型信息之间的关系。然后，利用双层注意力机制的异质图神经网络将异质网络嵌入表示，实现短文本分类任务。针对HGAT的局限性，HGAT-inductive模型进一步解决了多标签文本分类和对新文本分类的问题。实验证明，这两种方法在基准数据集上的性能优于目前最先进的方法。因此，基于异质图的短文本分类方法在解决数据稀疏和标注数据有限问题上具有潜力。

　　在第3章中，我们探讨了基于图的虚假新闻检测方法。传统的虚假新闻检测方法未考虑到文档中句子之间的交互。为了充分利用外部知识库，我们提出了CompareNet模型，使用维基百科等知识库作为检测虚假新闻的依据。通过构建有向异构文档图，将句子、主题和实体作为节点，并利用异构图注意网络学习主题丰富的新闻表示和上下文实体表示。通过精心设计的实体比较网络，将学习到的上下文实体表示与基于知识库的实体表示进行比较，以捕捉新闻内容与外部知识库之间的语义一致性。最终，将主题丰富的新闻表示和实体比较特征结合起来进行虚假新闻分类。实验证明，该方法通过有效整合外部知识和主题信息，在虚假新闻检测方面优于现有模型。

# 第 8 章 总结

在第 4 章中,我们探讨了基于图的知识图谱表示学习方法。现有知识图谱表示学习方法只考虑了结构信息,忽略了知识图谱的稀疏性和不完整性;为了解决这些问题,引入了额外信息如实体的文本描述,但仍存在局部语义信息的限制和对远程语义关系表达能力不足的问题。为了解决这些限制,我们提出了一种名为 Teger 的模型,引入了文本图来增强知识图谱的表示。模型利用图卷积网络在文本图上进行信息传播,同时充分利用了局部和全局语义信息。通过这种方式,我们提出的模型能够更好地扩展知识图谱并减轻稀疏性问题。实验结果表明,Teger 模型在性能上优于现有方法。总而言之,基于图的知识图谱表示学习方法在丰富知识图谱表示方面具有潜力,并为解决计算效率和数据稀疏性问题提供了新的可能性。

在第 5 章中,我们探讨了基于图的实体消歧方法。现有的实体消歧方法主要侧重于利用局部和全局信息进行消歧。然而,全局信息不能消除所有的偏差。为了解决这个问题,我们提出了一个名为 GNED 的图神经实体消歧模型。该模型动态构建实体-词图,并利用图卷积神经网络在实体和单词之间传播语义信息。增强实体表示将其他实体的语义信息合并到预训练的实体表示中,以减少偏差。在图卷积神经网络的上层,使用条件随机场结合局部和全局信息进行实体消歧。实验结果表明,该模型在实体消歧方面的性能优于最先进的方法。基于图的实体消歧方法通过利用图结构和图神经网络提高了实体消歧的精度和鲁棒性。这为实体消歧任务带来了新的解决方案,并有望在自然语言理解和其他相关任务中发挥重要作用。

在第 6 章中,我们探讨了基于图的新闻推荐的方法。当前的方法普遍受到数据稀疏和冷启动问题的限制。为了解决这些问题,我们提出了两种基于图的新闻推荐模型案例。第一种模型是 GNewsRec,通过构建用户-新闻-主题图来建模用户和新闻之间的关系,并利用图神经网络来学习他们的表示。这种模型能够解决数据稀疏性问题,因为它能够利用高阶结构信息和潜在主题信息。此外,该模型还考虑了用户的长期和短期兴趣,使得推荐更加精准。第二种模型是 GNUD,通过将用户新闻交互建模为二部图,利用图神经网络来学习用户和新闻的表示。这种模型能够捕获用户新闻交互背后的高阶连接关系,并考虑到用户新闻偏好因素。通过邻域路由机制和偏好正则器,该模型能够解耦学习的表示,提高用户和新闻的解耦表示的质量。实验结果表明,这两种模型在新闻推荐方面明显优于现有方法。这些研究对于改善新闻推荐系统的性能和用户体验具有重要意义。

在第 7 章中,我们介绍了基于图的人格检测的方法。现有很多工作致力于从帖子结构的角度来优化帖子的表示,以理解帖子背后隐藏的人格特征。但仍可能面临真实人格标签稀缺、人格特征不同维度之间的相关性未被充分利用等问题。针对以上问题,我们提出了一种新颖的对比图变换网络模型(CGTN)用于人格检测。该模型将用户生成的帖子建模为一个全连接的帖子图,并利用标记和未标记数据提取图的潜在标签。具体而言,CGTN 包括对比帖子图编码器和特质序列解码器。实验结果表明,该模型在人格检测任务中表现出色,证明了其有效性。总而言之,基于图增强方法对于提高人格检测的性能有一定启发,引入对比自监督学习也能够进一步缓解数据稀缺性问题。

通过对多个基于图的自然语言处理任务的系统介绍和讨论,可以看到图模型在文本挖掘中的广泛应用和有效性。然而,这个领域仍然存在一些挑战,需要进一步的研究和探索。

首先,基于图的文本挖掘面临着数据稀疏和标注数据有限的问题。尽管已经提出了一些方法来解决这些问题,比如利用异质图神经网络和半监督学习,但仍然需要更加有效和可扩展的方法来处理大规模的文本数据集。其次,基于图的文本挖掘中图的构建和表示学习是一个关键问题。当前的方法主要关注局部和全局信息的利用,但仍然存在局部语义信息的限制和对远程语义关系表达能力不足的问题。因此,如何更好地构建和表示文本中的图结构,以及如何充分利用局部和全局语义信息,仍然是一个值得研究的方向。最后,基于图的文本挖掘还面临着计算效率和可解释性的问题。随着文本数据量的增加,计算图模型的复杂度和计算资源的需求也越来越高。因此,如何提高图模型的计算效率,并保持模型的可解释性,是一个需要解决的问题。

尽管存在这些挑战,基于图的文本挖掘仍然具有广阔的前景。首先,图模型能够有效地捕捉文本数据中的复杂关系和语义信息,提高文本挖掘和分析的准确性和效果。其次,基于图的文本挖掘方法可以充分利用外部知识和上下文信息,提供更全面和深入的文本理解。最后,图模型还能为文本挖掘任务带来新的解决方案和思路,促进该领域的进一步发展。

总之,本书通过综述了基于图的文本挖掘与分析方法,为研究者和从业者提供了一个全面的视角。我们希望本专著能够为相关领域的研究和实践提供有价值的参考,并为进一步的研究工作提供启示。我们期待在未来的研究中,基于图的文本挖掘与分析方法能够得到更广泛的应用和深入的发展。

# 参 考 文 献

[1] Salton G, Wong A, Yang C S. A vector space model for automatic indexing [J]. Communications of the ACM, 1975,18(11): 613-620.

[2] Baroni M, Dinu G, Kruszewski G. Don't count, predict! a systematic comparison of context-counting vs. context-predicting semantic vectors[C]. Proceedings of ACL, 2014:238-247.

[3] Deerwester S, Dumais S T, Furnas G W, et al. Indexing by latent semantic analysis [J]. Journal of the American society for information science, 1990,41(6): 391-407.

[4] Bengio Y, Ducharme R, Vincent P. A neural probabilistic language model[J]. Proceedings of NeurIPS, 2000:13.

[5] Mikolov T, Chen K, Corrado G, et al. Efficient estimation of word representations in vector space[C]. ICLR Workshop, 2013.

[6] Mikolov T, Sutskever I, Chen K, et al. Distributed representations of words and phrases and their compositionality[J]. Proceedings of NeurIPS, 2013:26.

[7] Pennington J, Socher R, Manning C D. Glove: Global vectors for word representation[C]. Proceedings of EMNLP, 2014:1532-1543.

[8] Ruder S. An overview of gradient descent optimization algorithms[J]. arXiv preprint arXiv,2016:1609.04747.

[9] Schuster M, Paliwal K K. Bidirectional recurrent neural networks[J]. IEEE transactions on Signal Processing, 1997,45(11): 2673-2681.

[10] Pascanu R, Mikolov T, Bengio Y. On the difficulty of training recurrent neural networks[C]. Poceedings of ICML,2013:1310-1318.

[11] Krizhevsky A, Sutskever I, Hinton G E. Imagenet classification with deep convolutional neural networks[J]. Proceedings of NeurIPS, 2012:25.

[12] Wu L, Chen Y, Shen K, et al. Graph neural networks for natural language processing: A survey[J]. Foundations and Trends® in Machine Learning, 2023,16(2): 119-328.

[13] Yao L, Mao C, Luo Y. Graph convolutional networks for text classification[C]. Proceedings of AAAI, 2019,33(1): 7370-7377.

[14] Liu S, Chen Y, Xie X, et al. Retrieval-Augmented Generation for Code Summarization via Hybrid GNN[C]. Proceedings of ICLR. 2020.

[15] Yang Z, Zhao J, Dhingra B, et al. Glomo: Unsupervised learning of transferable relational graphs[J]. Proceedings of NeurIPS, 2018:31.

[16] Chen Y, Wu L, Zaki M. Iterative deep graph learning for graph neural networks: Better and robust node embeddings[J]. Proceedings of NeurIPS, 2020, 33: 19314-19326.

[17] Hamilton W, Ying Z, Leskovec J. Inductive representation learning on large graphs[J]. Proceedings of NeurIPS, 2017:30.

[18] Kipf T N, Welling M. Semi-Supervised Classification with Graph Convolutional Networks[C]. Proceedings of ICLR, 2016.

[19] Cui P, Hu L, Liu Y. Enhancing Extractive Text Summarization with Topic-Aware Graph Neural Networks[C]. Proceedings of COLING, 2020.

[20] Chen Y, Wu L, Zaki M J. Reinforcement Learning Based Graph-to-Sequence Model for Natural Question Generation[C]. Proceedings of ICLR, 2019.

[21] Schlichtkrull M, Kipf T N, Bloem P, et al. Modeling relational data with graph convolutional networks[C]. Proceedings of ESWC, 2018:593-607.

[22] Beck D, Haffari G, Cohn T. Graph-to-Sequence Learning using Gated Graph Neural Networks[C]. Proceedings of ACL (Volume 1: Long Papers), 2018: 273-283.

[23] Wang K, Shen W, Yang Y, et al. Relational Graph Attention Network for Aspect-based Sentiment Analysis[C]. Proceedings of ACL, 2020:3229-3238.

[24] Zhang S, Ma X, Duh K, et al. AMR Parsing as Sequence-to-Graph Transduction[C]. Proceedings of ACL, 2019: 80-94.

[25] Vaswani A, Shazeer N, Parmar N, et al. Attention is all you need[J]. Advances in neural information processing systems, 2017:30.

[26] Li S, Wu L, Feng S, et al. Graph-to-Tree Neural Networks for Learning Structured Input-Output Translation with Applications to Semantic Parsing and Math Word Problem[C]. Findings of EMNLP, 2020:2841-2852.

[27] Song G, Ye Y, Du X, et al. Short text classification: a survey[J]. Journal of multimedia, 2014:9(5).

[28] Aggarwal C C, Zhai C X. A survey of text classification algorithms[J]. Mining text data, 2012:163-222.

[29] Meng Y, Shen J, Zhang C, et al. Weakly-supervised neural text classification[C]. Proceedings of CIKM, 2018:983-992.

[30] Phan X H, Nguyen L M, Horiguchi S. Learning to classify short and sparse text & web with hidden topics from large-scale data collections[C]. Proceedings of WWW, 2008:91-100.

[31] Wang X, Chen R, Jia Y, et al. Short text classification using wikipedia concept based document representation[C]. 2013 International Conference on Information Technology and Applications, IEEE, 2013:471-474.

[32] Wang J, Wang Z, Zhang D, et al. Combining Knowledge with Deep Convolutional Neural Networks for Short Text Classification[C]. Proceedings of IJCAI, 2017, 350: 3172077-3172295.

[33] Wang S I, Manning C D. Baselines and bigrams: Simple, good sentiment and topic classification[C]. Proceedings of ACL (Volume 2: Short Papers), 2012:90-94.

[34] Kim Y. Convolutional Neural Networks for Sentence Classification[C]. Proceedings of EMNLP, 2014:1746-1751.

[35] Zhang X, Zhao J, LeCun Y. Character-level convolutional networks for text classification[J]. Proceedings of NeurIPS, 2015:28.

[36] Drucker H, Wu D, Vapnik V N. Support vector machines for spam categorization [J]. IEEE Transactions on Neural networks, 1999,10(5):1048-1054.

[37] Blei D M, Ng A Y, Jordan M I. Latent dirichlet allocation[J]. Journal of machine Learning research, 2003:993-1022.

[38] Rousseau F, Kiagias E, Vazirgiannis M. Text categorization as a graph classification problem [C]. Proceedings of ACL-IJCNLP (Volume 1: Long Papers), 2015: 1702-1712.

[39] Wang S, Jiang J. Machine comprehension using match-LSTM and answer pointer. (2017)[C]. Proceedings of ICLR, 2017:1-15.

[40] Liu P, Qiu X, Huang X. Recurrent Neural Network for Text Classification with Multitask Learning[C]. Proceedings of IJCAI, New York, New York, USA, 2016.

[41] Sinha K, Dong Y, Cheung J C K, et al. A hierarchical neural attention-based text classifier[C]. Proceedings of EMNLP, 2018:817-823.

[42] Shimura K, Li J, Fukumoto F. HFT-CNN: Learning hierarchical category structure for multi-label short text categorization[C]. Proceedings of EMNLP, 2018:811-816.

[43] Lu Y, Zhai C. Opinion integration through semi-supervised topic modeling[C]. Proceedings of WWW, 2008:121-130.

[44] Chen X, Xia Y, Jin P, et al. Dataless text classification with descriptive LDA[C]. Proceedings of AAAI, 2015,29(1).

[45] Tang J, Qu M, Mei Q. Pte: Predictive text embedding through large-scale heterogeneous text networks[C]. Proceedings of ACM SIGKDD, 2015:1165-1174.

[46] Zeng J, Li J, Song Y, et al. Topic Memory Networks for Short Text Classification [C]. Proceedings of EMNLP, 2018:3120-3131.

[47] Vitale D, Ferragina P, Scaiella U. Classification of short texts by deploying topical annotations[C]. Proceedings of ECIR, 2012:376-387.

[48] Pang B, Lee L. Seeing Stars: Exploiting Class Relationships for Sentiment Categorization with Respect to Rating Scales[C]. Proceedings of ACL, 2005:115-124.

[49] Wang X, Ji H, Shi C, et al. Heterogeneous graph attention network[C]. Proceedings of WWW, 2019:2022-2032.

[50] Sabour S, Frosst N, Hinton G E. Dynamic routing between capsules[J]. Proceedings of NeurIPS, 2017:30.

[51] Zhao W, Ye J, Yang M, et al. Investigating Capsule Networks with Dynamic Routing for Text Classification[C]. Proceedings of EMNLP, 2018:3110-3119.

[52] Devlin J, Chang M, Lee K, et al. Bert: Pre-training of deep bidirectional transformers for language understanding[C]. Proceedings of naacL-HLT, 2019(1):2.

[53] Veličković P, Cucurull G, Casanova A, et al. Graph Attention Networks[C]. Proceedings of ICLR. 2018.

[54] Vosoughi S, Roy D, Aral S. The spread of true and false news online[J]. Science. 2018.

[55] Conroy N J, Rubin V L, Chen Y. Automatic Deception Detection: Methods for Finding Fake News[C]. Proceedings of ASIS&T. 2015.

[56] Rubin V, Conroy N J, Chen Y, et al. Fake News or Truth? Using Satirical Cues to Detect Potentially Misleading News[C]. Proceedings of NAACL. 2016.

[57] Rashkin H, Choi E, Jang J Y, et al. Truth of Varying Shades: Analyzing Language in Fake News and Political Fact-Checking[J]. Proceedings of EMNLP. 2017.

[58] Potthast M, Kiesel J, Reinartz K, et al. A Stylometric Inquiry into Hyperpartisan and Fake News[C]. Proceedings of ACL. 2018.

[59] Shu K, Mahudeswaran D, Wang S, et al. FakeNewsNet: A Data Repository with News Content, Social Context and Dynamic Information for Studying Fake News on Social Media[J]. Big Data. 2018.

[60] Sitaula N, Mohan C K, Grygiel J, et al. Credibility-Based Fake News Detection[J]. Disinformation, Misinformation, and Fake News in Social Media. 2020.

[61] Ma J, Gao W, Mitra P, et al. Detecting rumors from microblogs with recurrent neural networks[J]. Proceedings of IJCAI, 2016:3818-3824.

[62] Yu F, Liu Q, Wu S, et al. A Convolutional Approach for Misinformation Identification[C]. Proceedings of IJCAI. 2017.

[63] Ma J, Gao W, Wong K F. Detect rumor and stance jointly by neural multi-task learning[C]. Proceedings of WWW. 2018.

[64] Ma J, Gao W, Wong K F. Detect rumors on twitter by promoting information campaigns with generative adversarial learning[C]. Proceedings of WWW, 2019:3049-3055.

[65] Vaibhav V, Annasamy R M, Hovy E. Do sentence interactions matter? leveraging sentence level representations for fake news classification[J]. Proceedings of the Thirteenth Workshop on Graph-Based Methods for Natural Language Processing, 2019:134-139.

[66] Pan J Z, Pavlova S, Li C, et al. Content based fake news detection using knowledge graphs[C]. Proceedings of ISWC, 2018:669-683.

[67] Zhang H, Fang Q, Qian S, et al. Multi-modal knowledge-aware event memory network for social media rumor detection[C]. Proceedings of MM, 2019:1942-1951.

[68] Dun Y, Tu K, Chen C, et al. Kan: Knowledge-aware attention network for fake news detection[C]. Proceedings of AAAI, 2021:81-89.

[69] Wang Y, Qian S, Hu J, et al. Fake news detection via knowledge-driven multimodal graph convolutional networks[C]. Proceedings of ICMR, 2020:540-547.

[70] Li J, Ni S, Kao H Y. Meet the truth: Leverage objective facts and subjective views for interpretable rumor detection. Findings of ACL, 2021:705-715.

[71] Zhang J, Dong B, Philip S Y. Fakedetector: Effective fake news detection with deep diffusive neural network[C]. Proceedings of ICDE, 2020:1826-1829.

[72] Bordes A, Usunier N, Garcia-Duran A, et al. Translating Embeddings for Modeling Multi-Relational Data[C]. Proceedings of NeurIPS, 2013:2787-2795.

[73] Shen D, Zhang X, Henao R, et al. Improved semantic-aware network embedding with fine-grained word alignment[J]. Proceedings of EMNLP, 2018:1829-1838.

[74] Bollacker K, Evans C, Paritosh P, et al. Freebase: a Collaboratively Created Graph Database for Structuring Human Knowledge[C]. Proceedings of SIGMOD, 2008: 1247-1250.

[75] Suchanek F M, Kasneci G, Weikum G. Yago: a Core of Semantic Knowledge[C]. Proceedings of WWW, 2007:697-706.

[76] Wang X, Wang D, Xu C, et al. Explainable Reasoning over Knowledge Graphs for Recommendation[C]. Proceedings of AAAI, 2019:5329-5336.

[77] Hoffmann R, Zhang C, Ling X, et al. Knowledge-based Weak Supervision for Information Extraction of Overlapping Relations[C]. Proceedings of ACL, 2011:541-550.

[78] Lin Y, Liu Z, Sun M, et al. Learning Entity and Relation Embeddings for Knowledge Graph Completion[C]. Proceedings of AAAI, 2015:2181-2187.

[79] An B, Chen B, Han X, et al. Accurate Text-Enhanced Knowledge Graph Representation Learning[C]. Proceedings of NAACL, 2018:745-755.

[80] Xu J, Qiu X, Chen K, et al. Knowledge Graph Representation with Jointly Structural and Textual Encoding[C]. Proceedings of IJCAI, 2017:1318-1324.

[81] Xie R, Liu Z, Jia J, et al. Representation Learning of Knowledge Graphs with Entity Descriptions[C]. Proceedings of AAAI, 2016:2659-2665.

[82] Wang Z, Zhang J, Feng J, et al. Knowledge Graph and Text Jointly Embedding [C]. Proceedings of EMNLP, 2014:1591-1601.

[83] Socher R, Chen D, Manning C. D, et al. Reasoning with Neural Tensor Networks for Knowledge Base Completion[C]. Proceedings of NeurIPS, 2013:926-934

[84] Zhang Y, Qi P, Manning C. D. Graph Convolution over Pruned Dependency Trees Improves Relation Extraction[C]. Proceedings of EMNLP, 2018:2205-2215.

[85] Wang Z, Zhang J, Feng J, et al. Knowledge Graph Embedding by Translating on Hyperplanes[C]. Proceedings of AAAI, 2014:1112-1119.

[86] Ji G, He S, Xu L, et al. Knowledge Graph Embedding via Dynamic Mapping Matrix[C]. Proceedings of ACL, 2015:687-696.

[87] Xiao H, Huang M, Zhu X. Transg: A Generative Model for Knowledge Graph Embedding[C].Proceedings of ACL, 2016:2316-2325.

[88] Sun Z, Deng Z, Nie J, et al. Rotate: Knowledge Graph Embedding by Relational Rotation Proceedings of Complex Space[C]. Proceedings of ICLR, 2019.

[89] Bansal T, Juan D, Ravi S, et al. A2N: Attending to Neighbors for Knowledge Graph Inference[C]. Proceedings of ACL, 2019:4387-4392.

[90] Kazemi S. M, Poole D. Simple Embedding for Link Prediction Proceedings of Knowledge Graphs[C]. Proceedings of NeurIPS, 2018:4289-4300.

[91] Trouillon T, Dance C R, Gaussier É, et al. Knowledge Graph Completion via Complex Tensor Factorization[J]. Machine Learn, 2017, 18:4735-4772.

[92] Yang B, Yih W, He X, et al. Embedding Entities and Relations for Learning and Inference[C]. Proceedings of ICLR, 2015.

[93] Nathani D, Chauhan J, Sharma C, et al. Learning Attention-Based Embeddings for Relation Prediction Proceedings of Knowledge Graphs[C]. Proceedings of ACL, 2019:4710-4723.

[94] Dettmers T, Minervini P, Stenetorp P, et al. Convolutional 2d Knowledge Graph Embeddings[C]. Proceedings of AAAI, 2018:1811-1818.

[95] Zhang Z, Zhuang F, Zhu H, et al. Relational Graph Neural Network with Hierarchical Attention for Knowledge Graph Completion[C]. Proceedings of AAAI, 2020:9612-9619.

[96] Vashishth S, Sanyal S, Nitin V, et al. Composition-based Multi-Relational Graph Convolutional Networks[C]. Proceedings of ICLR, 2020.

[97] Niu G, Zhang Y, Li B, et al. Rule-guided Compositional Representation Learning on Knowledge Graphs[C]. Proceedings of AAAI, 2020:2950-2958.

[98] Qu M, Chen J, Xhonneux L, et al. Rnnlogic: Learning Logic Rules for Reasoning on Knowledge Graphs[C]. Proceedings of ICLR, 2021.

[99] Malaviya C, Bhagavatula C, Bosselut A, et al. Commonsense Knowledge Base Completion with Structural and Semantic Context[C]. Proceedings of AAAI, 2020:2925-2933.

[100] Zhong H, Zhang J, Wang Z, et al. Aligning Knowledge and Text Embeddings by Entity Descriptions[C]. Proceedings of EMNLP, 2015:267-272.

[101] Zhang D, Yuan B, Wang D, et al. Joint Semantic Relevance Learning with Text Data and Graph Knowledge[C]. Proceedings of CVSC, 2015:32-40.

[102] Veira N, Keng B, Padmanabhan K, et al. Unsupervised Embedding Enhancements of Knowledge Graphs Using Textual Associations[C]. Proceedings of IJCAI, 2019:5218-5225.

[103] Wang Z, Lai K, Li P, et al. Tackling Long-Tailed Relations and Uncommon Entities Proceedings of Knowledge Graph Completion[C]. Proceedings of EMNLP-IJCNLP, 2019:250-260.

[104] Toutanova K, Chen D, Pantel P, et al. Representing Text for Joint Embedding of Text and Knowledge Bases[C]. Proceedings of EMNLP, 2015:1499-1509.

[105] Riedel S, Yao L, McCallum A, et al. M. Relation Extraction with Matrix Factorization and Universal Schemas[C]. Proceedings of NAACL, 2013.

[106] Qin P, Wang X, Chen W, et al. Generative Adversarial Zero-Shot Relational Learning for Knowledge Graphs[C]. Proceedings of AAAI, 2020:8673-8680.

[107] Bastings J, Titov I, Aziz W, et al. Graph Convolutional Encoders for Syntax-Aware Neural Machine Translation[C]. Proceedings of EMNLP, 2017:1957-1967.

[108] Kingma D P, Ba J. Adam: A method for stochastic optimization[C]. Proceedings of ICLR, 2014(5): 6.

[109] Bordes A, Glorot X, Weston J, et al. Joint Learning of Words and Meaning Representations for Open-Text Semantic Parsing [C]. Proceedings of AISTATS, 2012:127-135.

[110] Bordes A, Glorot X, Weston J, et al. A Semantic Matching Energy Function for Learning with Multi-Relational Data[J]. Mach Learn, 2013(94): 233-259.

[111] Shaoul C. The westbury Lab Wikipedia Corpus. Edmonton, AB: University of Alberta, 2010:131.

[112] Han X, Cao S, Xin L, et al. Openke: An Open Toolkit for Knowledge Embedding[C]. Proceedings of EMNLP, 2018:139-144.

[113] Hoffart J, et al. Robust disambiguation of named entities in text[C]. Proceedings of EMNLP, 2011:782-792.

[114] Wang Y, Wang M, Fujita H. Word sense disambiguation: A comprehensive knowledge exploitation framework[J]. Knowledge-Based Systems, 2020(190): 105030.

[115] Yih S W, Chang M W, He X, et al. Semantic parsing via staged query graph generation: Question answering with knowledge base[C]. Proceedings of the ACL-IJCNLP, 2015.

[116] Wang F, Wu W, Li Z, et al. Named entity disambiguation for questions in community question answering[J]. Knowledge-Based Systems, 2017(126): 68-77.

[117] Esposito M, Damiano E, Minutolo A, et al. Hybrid query expansion using lexical resources and word embeddings for sentence retrieval in question answering[J]. Information Sciences, 2020(514): 88-105.

[118] Wang C, Song Y, Li H, et al. Text classification with heterogeneous information network kernels[C]. Proceedings of the AAAI, 2016, 30(1).

[119] Wang H, Zhang F, Xie X, et al. DKN: Deep knowledge-aware network for news recommendation[C]. Proceedings of WWW, 2018:1835-1844.

[120] Nguyen T H, Fauceglia N R, Muro M R, et al. Joint learning of local and global features for entity linking via neural networks[C]. Proceedings of COLING, 2016:2310-2320.

[121] Ming Z Y, Chua T S. Resolving polysemy and pseudonymity in entity linking with comprehensive name and context modeling[J]. Information Sciences, 2015(307): 18-38.

[122] Zuheros C, Tabik S, Valdivia A, et al. Deep recurrent neural network for geographical entities disambiguation on social media data[J]. Knowledge-Based Systems, 2019(173): 117-127.

[123] Chisholm A, Hachey B. Entity disambiguation with web links[J]. Transactions of the Association for Computational Linguistics, 2015(3): 145-156.

[124] Lazic N, Subramanya A, Ringgaard M, et al. Plato: A selective context model for entity resolution[J]. Transactions of the Association for Computational Linguistics, 2015(3): 503-515

[125] Sun Y, Lin L, Tang D, et al. Modeling mention, context and entity with neural networks for entity disambiguation[C].Proceedings of IJCAI, 2015.

[126] Nie F, Cao Y, Wang J, et al. Mention and entity description co-attention for entity disambiguation[C]. Proceedings of the AAAI, 2018,32(1).

[127] Cheng X, Roth D. Relational inference for wikification[C]. Proceedings of EMNLP, 2013:1787-1796.

[128] Sil A, Kundu G, Florian R, et al. Neural cross-lingual entity linking[C]. Proceedings of AAAI, 2018,32(1).

[129] Ganea O E, Hofmann T. Deep joint entity disambiguation with local neural attention[J]. Proceedings of EMNLP, 2017.

[130] Le P, Titov I. Improving entity linking by modeling latent relations between mentions[J]. Proceedings of ACL, 2018.

[131] Radhakrishnan P, Talukdar P, Varma V. Elden: Improved entity linking using densified knowledge graphs[C], Proceedings of NAACL, 2018.

[132] Sevgiliö, Panchenko A, Biemann C. Improving neural entity disambiguation with graph embeddings[C]. Proceedings of ACL, 2019.

[133] Deng T, Ye D, Ma R, et al. Low-rank local tangent space embedding for subspace clustering[J]. Information Sciences, 2020(508): 1-21.

[134] Bunescu R, Pasca M. Using encyclopedic knowledge for named entity disambiguation[C]. Proceedings of EACL,2006.

[135] Yamada I, Shindo H, Takeda H, et al. Learning distributed representations of texts and entities from knowledge base[J]. Transactions of the Association for Computational Linguistics, 2017(5): 397-411.

[136] Wainwright M J, Jordan M I. Graphical models, exponential families, and variational inference[J]. Foundations and Trends® in Machine Learning, 2018,1(1-2): 1-305.

[137] Globerson A, Lazic N, Chakrabarti S, et al. Collective entity resolution with multi-focal attention[J]. Proceedings of ACL,2016.

[138] MURPHY K. Loopy belief propagation for approximate inference: an empirical study[C]. Proceedings of UAI, 1999: 467-475.

[139] Ratinov L, Roth D, Downey D, et al. Local and global algorithms for disambiguation to wikipedia[C]. Proceedings of ACL, 2011.

[140] Cao Y, Hou L, Li J, et al. Neural Collective Entity Linking[C]. Proceedings of COLING, 2018: 675-686.

[141] Le N T, Vo B, Nguyen L B Q, et al. Mining weighted subgraphs in a single large graph[J]. Information Sciences, 2020(514): 149-165.

[142] Guo Z, Barbosa D. Robust named entity disambiguation with random walks[J]. Semantic Web, 2018,9(4): 459-479.

[143] Evgeniy Gabrilovich, Michael Ringgaard, Amarnag Subramanya, FACC1: Freebase annotation of ClueWeb corpora, Version, 2013(1):2013.

[144] Milne D, Witten I H. Learning to link with wikipedia[C]. Proceedings of CIKM, 2008:509-518.

[145] Bansal T, Das M, Bhattacharyya C. Content driven user profiling for comment-worthy recommendations of news and blog articles[C]. Proceedings of RecSys, 2015:195-202.

[146] Li L, Chu W, Langford J, et al. A contextual-bandit approach to personalized news article recommendation[C]. Proceedings of WWW, 2010:661-670.

[147] Liu J, Dolan P, Pedersen E R. Personalized news recommendation based on click behavior[C]. Proceedings of IUI, 2010:31-40.

[148] Phelan O, McCarthy K, Smyth B. Using twitter to recommend real-time topical news[C]. Proceedings of RecSys, 2009:385-388.

[149] Das A S, Datar M, Garg A, et al. Google news personalization: scalable online collaborative filtering[C]. Proceedings of WWW, 2007:271-280.

[150] Wang X, Yu L, Ren K, et al. Dynamic attention deep model for article recommendation by learning human editors' demonstration[C]. Proceedings of ACM SIGKDD, 2017:2051-2059.

[151] Wang C, Blei D M. Collaborative topic modeling for recommending scientific articles[C]. Proceedings of KDD, 2011:448-456.

[152] Huang P S, He X, Gao J, et al. Learning deep structured semantic models for web search using clickthrough data[C]. Proceedings of CIKM, 2013:2333-2338.

[153] IJntema W, Goossen F, Frasincar F, et al. Ontology-based news recommendation[C]. Proceedings of EDBT/ICDT Workshops, 2010:16.

[154] Zhu Q, Zhou X, Song Z, et al. Dan: Deep attention neural network for news recommendation[C]. Proceedings of AAAI, 2019(33):5973-5980.

[155] De Francisci Morales G, Gionis A, Lucchese C. From chatter to headlines: harnessing the real-time web for personalized news recommendation[C]. Proceedings of WSDM, 2012:153-162.

[156] Li L, Wang D, Li T, et al. Scene: a scalable two-stage personalized news recommendation system[C]. Proceedings of SIGIR, 2011:125-134.

[157] Hochreiter S, Schmidhuber J. Long short-term memory[J]. Neural computation, 1997,9(8): 1735-1780.

[158] Liu M, Wang X, Nie L, et al. Cross-modal moment localization in videos[C]. Proceedings of MM,. 2018:843-851.

[159] Li S, Kawale J, Fu Y. Deep collaborative filtering via marginalized denoising auto-encoder[C]. Proceedings of CIKM. ACM,2015:811-820.

[160] Marlin B, Zemel R S. The multiple multiplicative factor model for collaborative filtering[C]. Proceedings of ICML, 2004:73.

[161] Rendle S. Factorization machines[C]. Proceedings of ICDM, 2010:995-1000.

[162] Wu Y, DuBois C, Zheng A X, et al. Collaborative denoising auto-encoders for top-n recommender systems[C]. Proceedings of WSDM, 2016:153-162.

[163] Xue H J, Dai X, Zhang J, et al. Deep matrix factorization models for recommender systems[C]. Proceedings of IJCAI, 2017:3203-3209.

[164] Kompan M, Bieliková M. Content-based news recommendation[C]. Proceedings of EC-Web, 2010:61-72.

[165] Cao Y, Wang X, He X, et al. Unifying knowledge graph learning and recommendation: Towards a better understanding of user preferences[C]. Proceedings of WWW, 2019:151-161.

[166] He X, Liao L, Zhang H, et al. Neural collaborative filtering[C]. Proceedings of WWW, 2017:173-182.

[167] Wang X, He X, Wang M, et al. Neural graph collaborative filtering[C]. Proceedings of SIGIR, 2019:165-174.

[168] Cheng H T, Koc L, Harmsen J, et al. Wide & deep learning for recommender systems[C]. Proceedings of DLRS, 2016:7-10.

[169] Guo H, Tang R, Ye Y, et al. Deepfm: a factorizationmachine based neural network for ctr prediction[C]. Proceedings of IJCAI, 2017:1725-1731.

[170] Zhang L, Liu P, Gulla J A. A deep joint network for session-based news recommendations with contextual augmentation[C]. Proceedings of HT, 2018:201-209.

[171] Cantador I, Castells P, Bellogín A. An enhanced semantic layer for hybrid recommender systems: Application to news recommendation[J]. IJSWIS, 2011,7(1), 44-78.

[172] Newman D, Smyth P, Welling M, et al. Distributed inference for latent dirichlet allocation[C]. Proceedings of NeurIPS, 2008:1081-1088.

[173] Wang H, Zhao M, Xie X, et al. Knowledge graph convolutional networks for recommender systems[C]. Proceedings of WWW, 2019:3307-3313.

[174] J Gulla J A, Zhang L, Liu P, et al. The adressa dataset for news recommendation[C]. Proceedings of WI, 2017:1042-1048.

[175] Okura S, Tagami Y, Ono S, et al. Embedding-based news recommendation for millions of users[C]. Proceedings of KDD, 2017:1933-1942.

[176] Wu C, Wu F, An M, et al. Neural news recommendation with attentive multiview learning[C]. Proceedings of IJCAI, 2019:3863-3869.

[177] An M, Wu F, Wu C, et al. Neural news recommendation with long-and short-term user representations[C]. Proceedings of ACL, 2019:336-345.

[178] Wu C, Wu F, An M, et al. Npa: Neural news recommendation with personalized attention[C]. Proceedings of KDD, 2019:2576-2584.

[179] Wu C, Wu F, Ge S, et al. Neural news recommendation with multi-head selfattention[C]. Proceedings of EMNLP-IJCNLP, 2019:6390-6395.

[180] Hu L, Li C, Shi C, et al. Graph neural news recommendation with long-term and short-term interest modeling[J]. Information Processing Management, 2020, 57(2):102142.

[181] Bengio Y, Courville A, Vincent P. Representation learning: A review and new perspectives[J]. TPAMI, 2013,35(8):1798-1828.

[182] Kim H, Mnih A. Disentangling by factorising[C]. Proceedings of ICML, 2018: 2654-2663.

[183] Gidaris S, Singh P, Komodakis N. Unsupervised representation learning by predicting image rotations[C]. Proceedings of ICLR, 2018.

[184] Hsieh J T, Liu B, Huang D A, et al. Learning to decompose and disentangle representations for video prediction[C]. Proceedings of NeurIPS, 2018:517-526.

[185] Higgins I, Matthey L, Pal A, et al. beta-vae: Learning basic visual concepts with a constrained variational framework[C]. Proceedings of ICLR, 2017.

[186] Kingma D P, Welling M. Auto-Encoding Variational Bayes[J]. stat, 2014(1):1050.

[187] Ma J, Cui P, Kuang K, et al. Disentangled graph convolutional networks[C]. Proceedings of ICML, 2019:4212-4221.

[188] Yang C, Sun M, Yi X, et al. Stylistic chinese poetry generation via unsupervised style disentanglement[C]. Proceedings of EMNLP, 2018:3960-3969.

[189] Rendle S. Factorization machines with libfm[J]. TIST, 2012,3(3):57.

[190] Kaushal V, Patwardhan M. Emerging trends in personality identification using online social networks—a literature survey[J]. TKDD, 2018,12(2): 1-30.

[191] Shen T, Jia J, Li Y, et al. Peia: Personality and emotion integrated attentive model for music recommendation on social media platforms[C]. Proceedings of AAAI. 2020,34(1): 206-213.

[192] Yang R, Chen J, Narasimhan K. Improving Dialog Systems for Negotiation with Personality Modeling[C]. Proceedings of ACL-IJCNLP, 2021:681-693.

[193] Zhiyuan W E N, Jiannong C A O, Ruosong Y, et al. Automatically Select Emotion for Response via Personality-affected Emotion Transition[C]. Findings of ACL-IJCNLP. Association for Computational Linguistics (ACL), 2021: 5010-5020.

[194] Lang Y, Liang W, Wang Y, et al. 3d face synthesis driven by personality impression[C]. Proceedings of AAAI. 2019,33(1), 1707-1714.

[195] Štajner S, Yenikent S. A survey of automatic personality detection from texts[C]. Proceedings of ICCL,2020:6284-6295.

[196] Tausczik Y R, Pennebaker J W. The psychological meaning of words: LIWC and computerized text analysis methods[J]. JLS, 2010,29(1): 24-54.

[197] Coltheart M. The MRC psycholinguistic database[J]. The Quarterly Journal of Experimental Psychology Section A, 1981,33(4):497-505.

[198] Mairesse F, Walker M A, Mehl M R, et al. Using linguistic cues for the automatic recognition of personality in conversation and text[J]. JAIR, 2007(30): 457-500.

[199] Lynn V, Balasubramanian N, Schwartz H A. Hierarchical modeling for user personality prediction: The role of message-level attention[C]. Proceedings of ACL, 2020:5306-5316.

[200] Yang T, Yang F, Ouyang H, et al. Psycholinguistic Tripartite Graph Network for Personality Detection[C]. Proceedings of ACL-IJCNLP, 2021:4229-4239.

[201] Yang F, Quan X, Yang Y, et al. Multi-document transformer for personality detection[C]. Proceedings of AAAI. 2021,35(16):14221-14229.

[202] John O P, Naumann L P, Soto C J. Paradigm shift to the integrative big five trait taxonomy[J]. Handbook of personality: Theory and research, 2008, 3 (2): 114-158.

[203] Sharpe J P, Martin N R, and Roth K A. Optimism and the big five factors of personality: Beyond neuroticism and extraversion. Personality and Individual Differences, 2011,51(8):946-951.

[204] Xue D, Wu L, Hong Z, et al. Deep learning-based personality recognition from text posts of online social networks[J]. Applied Intelligence, 2018(48):4232-4246.

[205] Mehta Y, Fatehi S, Kazameini A, et al. Bottom-up and top-down: Predicting personality with psycholinguistic and language model features[C]. ICDM. IEEE, 2020:1184-1189.

[206] Ren Z, Shen Q, Diao X, et al. A sentiment-aware deep learning approach for personality detection from text[J]. IPM, 2021,58(3):102-532.

[207] Xu K, Hu W, Leskovec J, et al. How Powerful are Graph Neural Networks? [C]. ICLR International Conference on Learning Representations. 2018.

[208] Yang P, Sun X, Li W, et al. SGM: Sequence Generation Model for Multi-label Classification[C]. Proceedings of ICCL the 27th International Conference on Computational Linguistics,2018:3915-3926.

[209] Pennebaker J W, King L A. Linguistic styles: language use as an individual difference[J]. Journal of personality and social psychology, 1999,77(6):1296.